Vergnügte Hühner im Garten

Von Nadine Blumensaat

Dieser praxiserprobte Ratgeber stellt Ihnen Wissen und Tipps zur Verfügung, so dass Ihr Hobby Hühner zum Erfolg wird. Eine gute Planung sorgt dafür, dass die Umsetzung gelingt und Sie langfristig Freude an Ihren Tieren haben.

Artgerechte Hühnerhaltung ist eine wunderschöne Beschäftigung. Jeder Hühnerhalter trägt Verantwortung für das Wohlergehen seiner Tiere. Die faszinierenden Federknäuel, welche als eierlegenden Haustiere in unseren Gärten umherschreiten, haben spezielle Bedürfnisse.

Woran erkenne ich ein krankes Huhn? Wie beuge ich Parasiten im Hühnerstall vor? Wie vergesellschafte ich Hühner? Wie baue ich ein Gartenhaus zum Stall um? Welche Hühnerrasse möchte ich halten?

All diese Fragen und noch viel mehr werden einen Hühnerbesitzer früher oder später beschäftigen. Damit Sie keine unliebsamen Überraschungen erleben und das Halten von Hühnern langfristig erfüllend bleibt, steht Ihnen dieses Buch verlässlich zur Seite.

Vergnügte Hühner im Garten

Ein Ratgeber rund ums Federvieh

Von Nadine Blumensaat

Bibliografische Information der Deutschen Nationalbibliothek

Die Deutsche Nationalbibliothek verzeichnet diese Publikation in der Deutschen Nationalbibliografie; detaillierte bibliografische Daten sind im Internet über http://dnb.d-nb.de abrufbar.

1. Auflage, 2018

© 2018 Nadine Blumensaat

Herstellung und Verlag:

BoD – Books on Demand, Norderstedt

ISBN: 9783752806618

Inhaltsverzeichnis

Rassegeflügelzucht M. Heyer: Seidenhuhn

Vorwort

Vergnügte Hühner im Garten ist der Titel dieses Buchs, da es auch genau darum geht: Die Tiere sollen fröhlich sein – und nach Möglichkeit den Hühnerfreund mit ihrer lebensfrohen Art begeistern. Es ist allgemein bekannt, dass einem die Dinge gut von der Hand gehen, welche man gerne verrichtet. Ich würde mir wünschen, dass jeder Hühnerbesitzer sich freudig um seine Tiere kümmert.

Im Laufe der Zeit spielt sich ein Alltag mit den Hühnern ein und im Idealfall sind Sie und Ihre Federbande ein eingespieltes Team. Beispiele aus dem täglichen Leben mit dem lieben Federvieh sollen Sie dabei unterstützen, Ihren eigenen Rhythmus mit Ihren Tieren zu finden.

Es gibt nie den einen, richtigen Weg, da jedes Lebewesen einzigartig ist und seine eigenen Bedürfnisse hat. Vielmehr geht es darum, Wissen aufzunehmen, zu verarbeiten und so anzuwenden, wie es für Sie und Ihr Leben sinnvoll ist. Tun Sie nur das, wovon Sie überzeugt sind. Dieser Ratgeber führt Sie durch die verschiedenen Bereiche der Hühnerhaltung und weist Ihnen ausgewählte Möglichkeiten auf.

Genau das macht das Hobby Hühnerhaltung so spannend – es ist ein weites Feld.

Ob Sie nun Hühner hauptsächlich aus Liebhaberei halten oder ob Sie das Huhn auch als Nutztier ansehen, all dies liegt bei Ihnen. Ich wünsche Ihnen viel Freude mit Ihren Hühnern!

Geschichte des Haushuhns

Seit vielen Jahrhunderten ist das Huhn im Leben des Menschen zugegen. Vorfahre unseres heutigen Haushuhns, welches den wissenschaftlichen Namen *Gallus gallus domesticus* trägt, ist das aus Südostasien stammende Bankivahuhn.

Die Domestikation des Huhns begann ungefähr vor 4500 bis 5000 Jahren. Hühnerhaltung war bereits der Indus-Kultur bekannt und Inschriften lassen darauf schließen, dass Haushühner in Ägypten um 1475 v. Chr. Einzug hielten. Mit den Römern kamen Haushühner nach Europa. Im ersten Jahrhundert v. Chr. gewann das Huhn in unseren Breiten als Lieferant von Eiern und Fleisch an Bedeutung – das domestizierte Huhn hielt seinen Siegeszug um die Welt.

In der frühen Geschichte des Huhns steht die hauptsächliche Nutzung für Riten unterschiedlichster Kulturen im Vordergrund. Längst vorbei sind die Zeiten, in denen Hühner größtenteils für Hahnenkämpfe und Zeremonien gezüchtet worden.

Wenngleich Hühner seit Jahrtausenden eine Rolle für die Menschheit spielen, so hat sich die Hauptverwendung des Federviehs verschoben. War das Huhn einst Opfertier, Kämpfer, Grabbeigabe oder Ähnliches, so wird es heutzutage vorrangig seines Fleisches und seiner Eier wegen geschätzt.

Hühner werden zu Tausenden in Betrieben gehalten, doch mehr und mehr ist das Haushuhn wieder in privaten Gärten zu finden. Haustier, Nutztier oder beides, Gallus gallus domesticus gehört zur Geschichte des Menschen dazu.

Wissenswertes über Hühner

Dem Haushuhn liegt folgende Systematik zugrunde:

Klasse	Vögel (Aves)
Ordnung	Hühnervögel (Galliformes)
Familie	Fasanenartige (Phasianidae)
Gattung	Kammhühner (Gallus)
Art	Bankivahuhn (Gallus gallus)
Unterart	Haushuhn (Gallus gallus domesticus)

Es gibt nicht das Haushuhn schlechthin. Die einzelnen Hühnerrassen weisen teils große Unterschiede auf. Sowohl äußere Merkmale wie das Gewicht, die Kammform, das Federkleid und die Läufe als auch das Verhalten weichen voneinander ab.

Der zukünftige Hühnerhalter tut gut daran, eine Hühnerrasse auszuwählen, welche sich mit seinen Wünschen und Vorstellungen deckt. Legeleistung, Bruttrieb und Flugfähigkeit seien nur ein paar genannte Eigenschaften, welche es vor der Anschaffung zu berücksichtigen gilt. Es gibt Hühner, die auf eine gute Legeleistung hin gezüchtet wurden, andere wiederum setzen leicht Fleisch an und eignen sich vorrangig zur Schlachtung.

Es existieren zudem die sogenannten Zwiehühner, auch unter dem Namen Zweinutzungshühner bekannt, welche das Beste aus beiden Welten in sich vereinen. Einige

Hühnerrassen eigenen sich ganz wunderbar für die Freilandhaltung, andere wiederum weniger.

Aller Unterschiedlichkeit zum Trotz, haben die Rassen des Haushuhns eine Menge Gemeinsamkeiten. Gleich, ob das Huhn ein oder fünf Kilogramm wiegt, der Hahn ist meist von größerer und schwererer Statur als sein weiblicher Gegenpart und sein Gefieder ist in aller Regel prächtiger, mit auffälligen, langen Sichelfedern.

Wie weithin bekannt, wird das weibliche Huhn *Henne* genannt und das männliche Tier *Hahn,* jedoch weitaus weniger geläufig ist der Begriff des *Kapauns.* Er bezeichnet einen kastrierten Hahn. Kapaune werden fast ausnahmslos im Alter von zwölf Wochen kastriert und gemästet, ihr Fleisch gilt in Frankreich als Delikatesse.

Der Bund Deutscher Rassegeflügelzüchter listet knapp zweihundert anerkannte Hühnerrassen. Dabei unterscheidet man Großhuhnrassen, von welcher es oft noch kleine Varianten gibt, die sogenannten Zwerghuhnrassen. Einige Zwerghuhnrassen entspringen nicht einer Großhuhnrasse. Diese von Hause aus klein gewachsenen Hühnerrassen heißen auch Urzwerge. Hybridhühner sind keiner Rasse zuzuweisen. Sie resultieren aus langen Inzuchtlinien.

Rassehühner haben rassetypische Eigenschaften, so dass deren Verhalten, Eigewicht und mehr gut abschätzbar sind. Eine Beschreibung ausgewählter Hühnerrassen finden Sie am Ende des Buchs.

Hühner werden meist zwischen fünf und sieben Jahre alt. Es gibt einige Rassen, welche für ihre Langlebigkeit bekannt sind. Onagadori, welche zu den Langschwanzhühnern gehören, erreichen ein Lebensalter von bis zu zwanzig Jahren und mehr. Dies ist jedoch eine Ausnahme. Hybriden sterben teils mit drei bis vier Jahren.

Die Glucke und ihr Bruttrieb

Überlegen Sie sich vor der Anschaffung einer Hühnerrasse, ob Sie hauptsächlich mit frischen Eiern versorgt sein möchten oder ob die Glucken zur Brut schreiten dürfen. Falls bei Ihnen die Versorgung mit Eiern im Vordergrund steht, liegen Rassen mit weniger brutlustigen Hennen nahe.

Der Bruttrieb diverser Hühnerrassen sollte keineswegs unterschätzt werden. Halten Sie Hühner vorrangig der Eier wegen und legen keinen Wert auf Küken, so stellt Sie die ein oder andere Glucke mitunter vor eine Herausforderung. Die friedlichste Henne birgt das Potenzial in sich, sich zur Furie zu entwickeln, wenn Sie ihr die Eier wegnehmen möchten. Wahre Glucken sitzen fest auf den Eiern. Sollte eine Henne in Brutstimmung geraten sein, so ist diese Gesinnung zumeist keine Eintagsfliege. Falls Sie die Eier sammeln möchten, dürfen Sie die Henne wahrscheinlich am nächsten Tag erneut von den Eiern/dem Ei heben – und dies wird teilweise unter lautem Protest-Gegacker der aufgeregten Glucke geschehen.

Zwar schwören einige Hühnerbesitzer auf Methoden, die wirksam die Henne entglucken, doch sind Maßnahmen wie das zeitweilige Wegsperren von zweifelhaftem Erfolg und zudem nicht stressfrei für das Tier. Falls Sie sich vorstellen können, eine brutwillige Henne zu händeln und gegebenenfalls trotz Brutwilligkeit Ihr Frühstücksei von ihr zu fordern, so mag eine Hühnerrasse mit hingebungsvollen Glucken das Richtige für Sie sein.

Was ist eine Glucke? Eine Glucke ist eine Henne, die brütend auf Eiern, ihrem Gelege, sitzt oder Nachwuchs hat. Nach erfolgreichem Brüten schlüpfen einundzwanzig Tage später die Küken und werden dann von der Henne geführt. Die umsorgende Glucke hält ihre Küken beisammen, wärmt sie, zeigt ihnen Essbares und bringt sie zur Wasserstelle.

Was ist hudern? Eine hudernde Glucke wärmt und beschützt ihre Küken unter ihren Flügeln und im Brustgefieder. Wer einmal eine ruhende Glucke mit aufgeplustertem Gefieder gesehen hat, aus denen sich plötzlich der Kopf eines Kükens zeigt, wird diesen rührenden Anblick nicht mehr vergessen. Sobald die Henne entscheidet, dass ihre Küken nun für sich alleine sorgen können, kehrt sie zu ihrer Legetätigkeit zurück.

Nun lässt sie auch wieder den Deckakt, Tretakt genannt, des Hahns zu. Der Hahn nähert sich dazu der Henne auf unterschiedliche Weise. Einige Hähne tänzeln um die Henne herum und locken sie mit Leckereien, andere Vertreter des männlichen Haushuhns kommen eher gleich zur Sache. Die paarungsbereite Henne duckt sich flach auf dem Boden und lädt den Hahn so zum Tretakt ein.

Hackordnung und Sozialverhalten

Wie ist das Leben der Hühnerschar organisiert? Eine Hackordnung regelt das tägliche Miteinander. Das bedeutet nicht, dass sich die Hühnerherde permanent bekriegt. Wenngleich der Rang eines Huhns während dessen Leben variieren kann, so wird er doch nicht jeden Tag aufs Neue ausgefochten. Anders sieht es bei der Vergesellschaftung von Hühnern aus, bei ihnen muss die Rangordnung erst festgelegt werden.

Was bedeutet die hierarchische Anordnung für das einzelne Tier? Wer weiter oben in der Hackordnung steht, darf beispielsweise eher fressen und sitzt auf den höher gelegenen Sitzstangen.

Hühner weisen ein breitgefächertes Verhaltensrepertoire auf und sind von Natur aus keine Einzelgänger. Bankivahühner, die wild lebenden Vorfahren unserer Haushühner, leben während der Brutzeit in kleinen Herdenverbänden von bis zu sechs Hennen und einem Hahn zusammen. Außerhalb der Brutsaison befinden sich die Bankivahühner in weit größeren Gruppen. Die Geselligkeit liegt unserem Haushuhn in den Genen. Das Federvieh verfügt über ein vielschichtiges Sozialverhalten.

Innerhalb einer Hühnerherde werden freundliche Kontakte gepflegt und so ist das sanfte Picken am Schnabel und Gefieder eine Geste der Zuneigung. Hühner können auch eine drohende Körperhaltung einnehmen, dafür machen sie sich groß, sträuben teils zusätzlich das Gefieder ab und strecken den Hals gerade und weit nach oben, oft werden die Flügel etwas abgespreizt getragen. Besonders anschaulich wird dieses Verhalten am Hahn, der beim Krähen diese größer machende Körperhaltung einnimmt. Dies unterstreicht in diesem Fall die Vormachtstellung des Hahns. Beim Krähen zeigt er an, dass er sein Revier erfolgreich besetzt. Er verteidigt sein Reich und droht und imponiert gleichzeitig. Hennen scheint das Krähen übrigens durchaus zu gefallen, teils werden fremde, weibliche Hühnervögel der unmittelbaren Umgebung durch die Krährufe eines stolzen Hahns angelockt, insbesondere, wenn die Damen herrenlos sind.

Hühner kennen nicht nur freundliches Gepicke und die Hackordnung hat nicht umsonst ihren Namen. Sollte ein rangniederes Tier zu schnell ans Futter wollen oder die Individualdistanz zu einem Huhn unterschreiten, so wird ordentlich hingelangt und gehackt. Neben dem Hacken wird ein Huhn vom anderen auch schon mal verscheucht und gejagt. Meist sind dies kurze Sprints über einige Meter.

Neben der Verfolgungsjagd existiert das Federpicken unter Hühnern, bei denen sich die Hühner selbst oder anderen Federn auszupfen. Dies kann auf eine bestimmte Stelle wie beispielsweise das Schwanzgefieder beschränkt sein oder das ganze Gefieder betreffen. Federpicken wird als Verhaltensstörung angesehen. Zuweilen wird auch die darunter liegende Haut in Mitleidenschaft gezogen und es fließt Blut.

Trennen Sie Hühner immer, sobald Sie Blut bemerken. Gleich welcher Ursache, das Sehen von Blut animiert

Hühner zum Weiterpicken und kann zum Kannibalismus führen.

Ein Hahn als Chef der Hühnerbande hat allerlei zu tun und muss nicht nur durch Krähen sein Revier abstecken, sondern ist auch bereit, es notfalls zu verteidigen. Das Revierverhalten des Hahns ist angeboren und je nach Rasse und Individuum unterschiedlich stark ausgeprägt. Nicht nur Kampfhuhnrassen können kämpfen. Sowohl der Schnabel als auch die Sporne können bei einem Angriff des Hahns eingesetzt werden. Hähne untereinander bekriegen sich teils bis zum Tod, wenngleich einige Exemplare in friedlicher Co-Existenz ihr Dasein verbringen.

Die männlichen Vertreter des Federviehs beschützen ihre Hennen nicht nur vor fremden Artgenossen, sondern notfalls auch vor jeder anderen Gefahr. Es ist sehr individuell, was der jeweilige Hahn dabei im Detail als Bedrohung ansieht. Während der eine Hahn entspannt bleibt, wenn sich ein Vierbeiner dem Hühnerauslauf nähert, so plustert der nächste sich bereits auf und stellt sich schützend vor seine Damen.

Falls Sie einen Hahn besitzen, welcher nicht so gut auf Sie zu sprechen ist, so gebe ich Ihnen den Rat, Ruhe zu bewahren. Ich halte nichts davon, einen Hahn einschüchtern zu wollen. Bleiben Sie ruhig und halten Sie Distanz zum Hahn, aber laufen Sie nicht vor ihm fort. Drehen Sie einem imponierenden bis drohenden Hahn nicht den Rücken zu und bewegen sich langsam. Lassen Sie Kinder nicht unbeaufsichtigt zu den Hühnern. Zwar ist es unwahrscheinlich, dass Kindern ernsthaft Leid zugefügt wird, jedoch ist es immer besser, auf Nummer sicher zu gehen. Zudem sind Kinder noch nicht fähig, vollständig Verantwortung für die Pflege von Tieren zu übernehmen, sondern sollten dies durch Sie lernen. Doch Hähne sind keine Ungetüme und einige Exemplare sind durch die Bank weg umgänglich, sei es mit ihresgleichen oder im Kontakt mit Menschen.

Das männliche Federvieh hat eine charmante Seite und umwirbt auserwählte Hennen. Einige Hähne geben sich bei der Werbung viel Mühe und führen regelrechte Tänze auf, schreiten vor der Henne auf und ab, strecken einen Flügel seitwärts aus und vollführen kleine Schrittfolgen. Andere Hähne wiederum sind in dieser Hinsicht etwas direkter und kommen recht unvermittelt zum Wesentlichen. Eine paarungswillige Henne duckt sich flach auf den Boden, um dem Hahn ihr Einverständnis zum Tretakt zu geben. Unwillige Hennen laufen zeitweilig laut gackernd davon.

Hähne tänzeln nicht nur um ihre Angebeteten herum, sondern kümmern sich auch im täglichen Leben um sie. So führen viele Hähne täglich ihre Hennen zum Legenest und zurück, begleiten sie am Abend in den Hühnerstall und zeigen ihnen durch Locklaute Futter an. In aller Regel schiebt der Hahn der Henne Fressbares zu. Jedoch habe ich selbst schon einen Hahn erlebt, der seine Hennen mit imaginärem Futter herbeilockte und sie dann so schnell wie möglich treten wollte oder aber mit tatsächlich vorhandenem Futter lockte, dies aber bei Ankunft der Hennen schleunigst selber fraß.

Hahnenschrei

Die meisten Hähne beginnen im Alter von ungefähr zweieinhalb Monaten zu krähen. Der eine oder andere Hahn muss erst ein wenig üben, um seinen Hahnenschrei imposant klingen zu lassen. Bisweilen klingt das Krähen eines Hahns lebenslang wie eine röhrende Blechkanne. Der Hahnenschrei hört sich je nach Tier sehr unterschiedlich an.

Einige Hühnerrassen, wie etwa der Bergische Kräher, sind für ihre lang andauernden Krährufe bekannt, welche ganze fünfzehn Sekunden währen können. Hühnerrassen mit verlängertem Krähruf werden Langkräher genannt und zählen zum Kulturgut ihrer jeweils entspringenden Region. Es gibt eigens Langkrähwettbewerbe. Im einstigen Herzogtum Berg war das Wettkrähen eine Jahrhunderte alte Tradition. Beim Wettkrähen im Allgemeinen geht es im Gegensatz zum Langkrähen nicht um die reine Länge des Hahnenschreis, sondern zusätzlich um die Häufigkeit und mitunter Qualität.

Hühnerlaute

Die bereits erwähnte Hackordnung kann es nur geben, da Hühner in der Lage sind, sich gegenseitig zu erkennen. Hühner sind längst nicht dumm, wenngleich ihnen dies fälschlicherweise teils nachgesagt wird.

Greifvögel am Himmel können Hühner in Angst und Schrecken versetzen und sie versuchen, entweder zu flüchten oder stehen ganz starr vor Schreck. Bei Gefahr beginnt ein Huhn damit, oft der Hahn, eine kurze, alarmierend wirkende Reihe von Lauten auszustoßen. Dies ist ein Warnsignal und oft stimmt die ganze Hühnerschar mit ein. Da Hühner bei einer möglichen Gefahr aus der Luft in Panik verfallen können, sollte das Dach des Stalls undurchsichtig sein. Zwar gibt es durchaus nervenstarkes Federvieh, doch der ein oder andere Vogel verfällt in blankes Entsetzen, wenn sich beispielsweise eine Katze auf dem Dach des Hühnerstalls räkelt.

Hühner können eine Vielzahl an Lauten von sich geben. Das gemeinschaftliche Rufen dient nicht nur der Meldung einer Bedrohung, sondern geschieht häufiger nach der Eiablage. Die eierlegende Henne verfällt dann nach getaner Arbeit in ein sogenanntes Legegegacker, in welches wenig später der zuweilen anwesende Hahn einstimmt und kurz darauf die restliche Hühnerschar. Dieses Gegacker kann über Minuten anhalten.

Eine weitere, typische Lautäußerung ist das Gluck-Geräusch der Glucken. Die in Brutstimmung verfallenden Hennen geben meist ein kontinuierliches, sanftes „gluck" von sich, welches in monotoner Abfolge wiederholt wird. Sollte eine Glucke dann für kurze Zeit ihr Nest verlassen, um Wasser und Nahrung zu sich zu nehmen, so hat sie sich nicht selten zu beachtlicher Größe aufgeplustert. Das Gefieder ist dann weit vom Körper gesträubt und die Flügel werden leicht abgespreizt getragen. Glucken werden von der Hühnerherde in Ruhe gelassen und können unabhängig ihrer sonstigen Position ans Futter. Eine gluckende Henne macht Eindruck auf die übrigen Hühner. Glucken sind hingebungsvolle Mütter, die nicht nur ihre Küken umsorgen und vor Gefahr schützen, sondern bereits ihr Gelege verteidigen.

Anatomie und Körperfunktionen

Augen

Hühner sind kurzsichtig und so ist nur ihre Nahsicht gut ausgeprägt. Die seitlich sitzenden Augen ermöglichen ein weites Gesichtsfeld, welches jedoch ein binokulares Sehen nahezu unmöglich macht. Ein binokulares Gesichtsfeld ist der Bereich, den beide Augen gleichzeitig sehen und zu einem Bild zusammenfügen. Der Mensch verfügt beispielsweise über binokulares Sehen.

Da Hühner die Gesichtsfelder ihrer Augen quasi nicht zu einem gemeinsamen Bild zusammenbringen können, wenden sie den Kopf vermehrt nach links und rechts, um dies auszugleichen. Zugleich führt die für Hühner typische, ruckartige Kopfbewegung zu dem bekannten Zick-Zack-Gang des Federviehs. Das räumliche Sehen beherrschen Hühner nicht sehr gut und beurteilen ihre Umwelt häufig durch Ertasten mithilfe des Schnabels.

Hühner sind in der Lage, Farben zu sehen. Im Gegensatz zum Menschen sehen sie sogar UV-Licht, sind jedoch genauso eingeschränkt beim Sehen in der Dunkelheit wie der Homo sapiens.

Kopfanhängsel

Das Federvieh verfügt über Kopfanhängsel. Unter dem Schnabel zeigen sich die beiden Kehllappen und auf dem Kopf sitzt der Kamm. Der Kamm ist namensgebend für die Zugehörigkeit der Haushühner zur Gattung der Kammhühner und tritt in den unterschiedlichsten Formen auf. Einige Hühnerrassen haben einen charakteristischen Rosenkamm, andere einen Stehkamm oder Erbsenkamm. Hähne haben größere Kämme als Hennen.

Schnabel

Dank des Schnabels erkennen Hühner potenzielle Nahrung. Der Schnabel ist von einem feinen Nervengeflecht durchzogen und erlaubt den Tieren, die Beschaffenheit der Nahrung und die unmittelbare Umgebung zu beurteilen. Das Huhn pickt nach Körnern, Würmern und weiteren Leckereien, so dass Fressbares von Nicht-Fressbarem unterschieden wird. Hühner schöpfen mithilfe des Schnabels Wasser und legen anschließend den Kopf in den Nacken, so dass die Flüssigkeit die Kehle hinunter rinnt.

Verdauungstrakt

Das Haushuhn, sowie alle zur Klasse der Vögel gehörenden Tiere, besitzt keine Zähne zum Kauen. Der Verdauungstrakt der Vögel unterscheidet sich von dem der Säugetiere. Hühner lagern Futter im Kropf an. Dort wird es zwischengelagert und aufgeweicht, so dass es sich leichter verdauen lässt.

Vom Kropf aus gelangt der Nahrungsbrei in den Drüsenmagen. Die Nahrung wandert weiter vom Drüsen- in den Muskelmagen. Neben seiner Nahrung nimmt das Huhn kleine Steinchen auf.

Im Muskelmagen wird der Nahrungsbrei mit Hilfe der Steinchen weiter zerkleinert. Durch diese Prozedur weist der Nahrungsbrei eine größere Oberflächenstruktur auf, so dass Nährstoffe ausreichend verwertet werden. Der Darm der Hühner ist im Verhältnis zur Körperlänge kurz, die doppelt angelegten Blinddärme jedoch sind beim Federvieh ausgeprägt.

In den Blinddärmen befinden sich Bakterien, welche Zellulose spalten. Da Hühner eine kurze Darmpassage haben, kommt den Blinddärmen eine gewisse Bedeutung bei der Verdauung zu.

Der sich anschließende Grimmdarm endet bei Hühnern direkt in der Kloake, welche zugleich Mündungsstelle der Harnleiter als auch des Eileiters bei den Hennen ist.

Skelett

Hühner glänzen durch ihre Leichtbauweise. Wie bei allen Vögeln sind die Knochen des Huhns hohl und dementsprechend leicht. Wenngleich die meisten Hühner nur flattern und sich vornehmlich auf dem Boden aufhalten, so haben sie dennoch Flügel, welche die vorderen Extremitäten darstellen. Grundsätzlich gilt, je leichter das Huhn, desto besser seine Flugkünste – welche sich überwiegend im Gleitflug äußern und für die zu wählende Zaunhöhe von Bedeutung ist. Doch auch hier gilt, keine Regel ohne Ausnahme. Das Seidenhuhn ist ein Leichtgewicht, doch es fliegt selbst nicht über die niedrigsten Zäune.

Federkleid

Das Federkleid der Hühner präsentiert sich in den verschiedensten Farben und Zeichnungen. Das meist farbenfrohere Gefieder des Hahns im Vergleich zur Henne zeigt eine längere, sichelförmige Schwanzfeder. Seiden- und Strupphühner weisen zudem eine spezielle Federbeschaffenheit auf. So wirkt das Gefieder des Seidenhuhns fast fellartig und hat einen Plüschcharakter.

Die Mauser ist die Zeit des Federwechsels und findet jährlich statt. Selbstredend ist, dass sich die Federn des Huhns nach der Mauser von seiner schönsten Seite präsentieren. Der Herbst ist die vorherrschende Jahreszeit für die Vollmauser, welche bedeutet, dass das Huhn nach und nach seine gesamten Federn verliert und neue bekommt.

Läufe

Hühner haben, bis auf wenige Ausnahmen, unbefiederte Läufe. Die Hähne verfügen zusätzlich über Sporne an den Hinterläufen. Der Hahnensporn fungiert als Waffe bei einem möglichen Angriff.

Rassegeflügelzucht M. Heyer: Brahma

Überlegungen vor der Anschaffung

Das liebe Federvieh im Garten schenkt Freude. Umso mehr, je überlegter Sie die Hühnerhaltung planen. Hühner benötigen Platz im Garten. Abhängig davon, wie viele und welche Hühner Sie Ihr Eigen nennen möchten, gestaltet sich die Ausarbeitung. Planen Sie, sich einen mobilen Hühnerstall zuzulegen oder liebäugeln Sie doch eher mit einem festen Gebäude? In Deutschland gelten je nach Bundesland unterschiedliche Bauvorschriften, so dass Sie eventuell eine Baugenehmigung für den Stall benötigen. Wie möchten Sie den Hühnerauslauf gestalten?

Der Hühnerauslauf

Hühner sind von Natur aus Waldrandbewohner und so verwundert es nicht, dass sie sich bevorzugt im Schutz von Sträuchern und weiterem Grün bewegen. Zudem geben diese Pflanzen Deckung vor Greifvögeln. Die Hühnerschar fühlt sich auf einer weiten, offenen Fläche unsicher. Wer meint, dass sein Auslauf aufgrund einer passablen Größe ein Hühnerparadies darstellt, doch die Hühner in Wirklichkeit eine monoton wirkende Einöde vorfinden, irrt gewaltig. Das Federvieh liebt einen geschützt bepflanzten Bereich als Auslauf.

Die Zaunhöhe richtet sich nach den Hühnerrassen, die Sie pflegen. Während ein Italiener-Huhn locker über einen 1,20 Meter hohen Zaun flattert, stellt es ein Orpington-Huhn quasi vor eine unlösbare Aufgabe.

Ein Sandbad dient der Gefiederpflege und sollte in einem gut strukturierten Auslauf nicht fehlen. Pflanzen gehören ebenfalls zu einem gelungenen Hühnerauslauf dazu, doch nicht jegliches Grün ist für das Federvieh ungiftig. Wenngleich Hühner nicht über jeden Strauch und jede Staude herfallen und sich an ihr gütlich tun, so sollten Sie doch wissen, welche Pflanzen zu Vergiftungserscheinungen führen können. Zu den für Hühner giftigen Pflanzen gehören unter anderem Eibe, Efeu, Farn, Fingerhut, Hortensie, Maiglöckchen, Nachtschattengewächse, Rhododendron und Tulpe.

Aus eigener Erfahrung kann ich sagen, dass Hühner einen Holunder, botanisch *Sambucus nigra* genannt, in ihrem Reich lieben. Er treibt früh aus, ist in Bezug auf Klima und Bodenbeschaffenheit relativ anspruchslos, erfreut das menschliche Augen mit seinen aromatischen, weißen Blüten und bekommt schwarze, schmackhafte Früchte. Sollten Sie die Holunderbeeren nicht ernten, so werden es Ihre Hühner bestimmt tun.

Der Holunder dient nicht nur als Schattenspender und sozialer Treffpunkt, sondern lädt zur Erntezeit zum Naschen ein. Sei es Henne oder Hahn, das Hühnervieh entwickelt ein unglaubliches Potenzial, um selbst an die letzte Beere zu gelangen. Da wird gehüpft und gesprungen, dass dem stolzen Besitzer schon bei der reinen Beobachtung seiner engagierten Hühnerschar das Herz aufgeht.

Obstbuschbäume sind ebenfalls gut im Hühnerauslauf aufgehoben. Sie werden nicht zu groß, so dass ein

Beutegreifer auf ihnen landen würde, um den Hühnern habhaft zu werden – und sie spenden Schatten. Ein netter Nebeneffekt ist, dass Ihre emsigen Hühner den kleinen Obstbaum von Ameisen und Läusen freihalten.

Eine Hecke aus Hainbuchen kann ebenfalls im Auslauf integriert werden. Besonders bewährt haben sich Obstgehölze und Sträucher im Hühnerauslauf. Neupflanzungen brauchen jedoch eine gewisse Mindestgröße oder werden vorerst abgetrennt, so dass sie für die Hühner noch unerreichbar sind. Zwar wird Ihr Huhn keinen ganzen Holunder verputzen, doch ein kleinerer Strauch lässt schon mal mehr Blätter, als er verkraften kann.

Nicht nur das, Hühner sind fast immer in Bewegung und da wird gekratzt und gescharrt, als gäbe es kein Morgen. Das gefällt längst nicht jedem frisch gepflanzten Strauch. Vielleicht haben Sie die Möglichkeit, bestehende Sträucher und Bäume in Ihrem Auslauf zu integrieren oder setzen direkt größere Pflanzware. Ansonsten hilft nur das zeitweilige Fernhalten der Hühnerschar vom kleinen Setzling.

Falls Sie einen Gemüsegarten besitzen, können Sie einen umzäunten Hühnerauslauf daran angrenzen lassen. Wann immer Sie im Gemüsegarten arbeiten, schaut das neugierige Federvieh Ihnen zu, stets in der Hoffnung, von Ihnen einen aus dem Erdreich zu Tage geförderten Regenwurm zu ergattern.

Im einfachsten Fall haben Sie eine kleine, verschließbare Öffnung oder Türe im Zaun zwischen Hühnerauslauf und Gemüsebeet, welche Sie im zeitigen

Frühjahr öffnen können. Ihre fleißigen Helfer werden sich sofort beim Zugang zu der neuen Fläche ans Werk machen und es wird so viel gescharrt und gepickt, dass bald kein Unkräutchen mehr zu sehen ist. Innerhalb kürzester Zeit ist das Beet vollkommen glatt gezogen und bestens für Ihre weitere Bearbeitung im Frühjahr vorbereitet. Lassen Sie die Hühner jedoch nicht zu lange im Gemüsegarten werkeln, da Hühnerkot scharf ist und Ihre jungen Pflanzen nur eine gewisse Portion im Erdreich mögen.

Gedanken zur Stallpflicht

Das Aufstallungsgebot ist eine behördliche Anordnung, welche auch unter dem Namen *Stallpflicht* bekannt ist. Im Falle eines Aufstallungsgebots müssen Ihre Hühner in einen Stall gesperrt werden. Mehr zu dieser Anordnung finden Sie im Kapitel Aufstallungsgebot.

Sinn und Zweck der Stallpflicht ist, dass frei lebende Wildtiere die Hühner nicht infizieren können. Die Zeiten der Stallpflicht sind hart für Halter und Huhn.

Stellen Sie sich vor, dass Sie einen schönen Hühnerstall für Ihre Hühnerschar haben, welcher unmittelbar in einen Auslauf auf der grünen Wiese mündet. Ihr Federvieh freut sich des Lebens und rennt von früh bis spät im Garten umher, des Nachts suchen Ihre Hühner Schutz im Stall. Alles ist wunderbar, solange kein Aufstallungsgebot herrscht.

Gesetzt den Fall, es besteht nun Stallpflicht und sämtliche Hühner dürfen nicht mehr im Garten lustwandeln. War der Stall noch für die Nacht geräumig, so sieht dies bei zusätzlicher, kontinuierlicher Benutzung am Tag ganz anders aus. Die Hühner sind nun alle eingepfercht im Hühnerstall, anstatt auf der Wiese umherzulaufen, zu scharren und sich etwas Futter selbst zu suchen. Hennen lieben zwar schummriges Licht im Stall und legen ihre Eier gerne an nicht zu hellen Orten, doch rund um die Uhr möchte kein Huhn im Dämmerlicht leben. Gut, es gibt immerhin künstliche Beleuchtung, doch das reine Leben im Stall ist und bleibt eine starke Einschränkung für das Federvieh.

Um die Lebensqualität der Hühner bei Stallpflicht nicht zu sehr zu beeinträchtigen, empfiehlt es sich, für den Ernstfall vorzusorgen. Sie müssen nicht einen riesigen Stall bauen, zumal dieser im Winter auch stärker auskühlt. Eine Möglichkeit ist, dass die Hühner vom Hühnerstall aus in einen Auslauf können, welcher sich einfach mittels einer Plane oder Ähnlichem überspannen ließe und so der Stallpflicht entspräche.

Stellen Sie sich den schnell umzuwandelnden Auslauf zum Beispiel wie eine große Voliere oder meinetwegen auch Zwinger vor. Solange keine Stallpflicht herrscht, kann von diesem großen Käfig aus eine Tür geöffnet werden, welche die Hühner auf die Wiese entlässt. Mit etwas handwerklichem Geschick lässt sich solch ein Anbau an das Hühnerhaus eigenhändig bauen. Es kann eine Vielzahl an Materialien für solch einen Auslauf verwendet werden. Gleich, ob Sie fertige Gitterelemente benutzen oder Draht auf Holzrahmen spannen, solch ein Gehege lässt sich einfach selbst anfertigen.

Wie viele Hühner sollen es sein?

Wie viele Hühner möchten Sie haben? Da Hühner Herdentiere sind, empfiehlt es sich, mindestens drei Tiere zu halten. Das Platzangebot spielt bei dieser Entscheidung eine Rolle. Gesunde, glückliche Hühner in der Privathaltung brauchen ausreichend Raum und es gilt die Faustregel von bis zu vier mittelgroßen Hühnern pro Quadratmeter Stallfläche.

Die Haltungsbedingungen außerhalb der Privathaltung sehen für Hühner wie folgt aus: Die ökologische Haltung wird in Deutschland nach der EG-Ökoverordnung bestimmt. Sechs Legehennen pro Quadratmeter Stallfläche sind nach dieser Verordnung zugelassen sowie achtzehn Zentimeter Sitzstange. Zusätzlich steht der einzelnen Henne vier Quadratmeter Auslauf zu und es dürfen maximal 230 Legehennen pro landwirtschaftlich genutztem Hektar gehalten werden. Die Ernährung solch gehaltener Hennen folgt ökologischen Gesichtspunkten. Im Falle von Krankheit sind Naturheilmittel zu bevorzugen.

Zusätzlich zur ökologischen Haltung wird in Deutschland noch die Freilandhaltung, Bodenhaltung und Kleingruppenhaltung für Legehennen definiert. Käfighaltung ist in deutschen Landen seit 2010 nicht mehr existent und seit dem Jahr 2012 EU-weit verboten.

Die Entwicklung geht zugunsten des Huhns. Was für die Betriebe gilt, sollte in der Privathaltung eine Selbstverständlichkeit sein. Glückliche Hühner auf der grünen Wiese brauchen genug Bewegungsfreiheit.

Welche Hühnerrassen möchten Sie halten? Zugegeben, es gibt eine Fülle an Rassen und sie alle haben ihren Reiz, doch Sie tun weder sich noch den Hühnern einen Gefallen, wenn Sie verschiedene Rassen unreflektiert sammeln.

Sie haben die Möglichkeit, sich an Mitglieder eines Geflügelzuchtvereins zu wenden, die Ihnen Auskunft über die einzelnen Rassen geben können. Teils verkaufen sie Rassehühner an ambitionierte Hühnerfreunde. Möchten

Sie Hühner mit hoher Legeleistung? Hühner mit gutem Fleischansatz? Hühner, die relativ viele Eier legen und zum Schlachten taugen? Oder favorisieren Sie eine Hühnerrasse aufgrund ihres Aussehens oder Verhaltens?

Produktive Hennen, ich rede nicht von Hybridhennen, legen in ihrer Jugend mehr als zweihundert Eier im Jahr. Da kommt schnell etwas zusammen. Falls Sie zum Beispiel zehn tüchtig legende Hennen halten und ein Zweipersonenhaushalt sind, kommen Sie aus dem Eieressen nicht mehr hinaus. Es gibt natürlich Rassen mit weniger Legeleistung oder ältere Hennen. Ab dem zweiten bis dritten Lebensjahr nimmt die Legeleistung der meisten Hennen merklich ab.

Hühner und die Nachbarschaft

Krähende Hähne sind nicht jedermanns Sache. Sprechen Sie vor der Anschaffung von Hühnern mit Ihren Nachbarn. Gelegentlich wirkt auch die Aussicht auf kostenlose Eier von freilaufenden Hennen wahre Wunder. Im Falle eines Streits greift das private Nachbarrecht. In einem reinen Wohngebiet werden gemeinhin vier Hennen und ein Hahn als unproblematisch eingestuft. Übrigens, wenn die Hühner in einem mobilen Hühnerstall untergebracht sind, wird keine Baugenehmigung benötigt. Es gibt zahlreiche Gerichtsurteile, die im Bedarfsfall regeln, wann der Hahn krähen darf oder die Hühnerschar nach draußen kann. Wenig verwunderlich ist, dass Hühnerhalter in ländlichen Gegenden oft mehr Freiraum zugesprochen wird als im Stadtgebiet. Die Haltung von bis zu zwanzig Hennen und einem Hahn gilt zumeist noch als Privathaltung.

Laufende Kosten

Laufende Kosten sind in der Hauptsache Futterkosten, sowie unter Umständen Strom für eine automatische Hühnerklappe, die Beleuchtung und eine Wärmequelle im Winter. Dazu kommen noch Impfkosten, gegebenenfalls Tierarztkosten sowie je nach Bundesland noch die Zahlung an die Tierseuchenkasse. Ob die Hühnerhaltung damit für Sie zum günstigen oder teuren Hobby wird, richtet sich nach Ihrem persönlichen Empfinden. Pauschal lässt sich sagen, dass Hundehaltung weit teurer ist. Zudem legen Hennen fast ausnahmslos Eier, welche Sie nicht mehr kaufen müssen.

Urlaubsvertretung

Wie bei allen Tieren ist zuweilen eine Urlaubsvertretung vonnöten. Oft bieten sich Nachbarn zur Betreuung an, da sie ohne großen zeitlichen Aufwand zu Ihren Hühner gelangen können. Je nachdem wie lange Sie verreist sind, kann die Urlaubsbetreuung lediglich die Eier aus den Legenestern holen und Ihre Hühner täglich mit Futter und Wasser versorgen. Wenn dann auch noch die Eier für die gute Pflege verschenkt werden, steht einer Zusage meist nichts mehr im Wege. Bei länger andauernden Reisen reicht die reine Futter- und Wassergabe sowie das Herausnehmen der Eier nicht aus. Der Stall muss gereinigt werden, was den Kreis der bereitwilligen Helfer oft drastisch reduziert.

Was soll Ihre Urlaubsvertretung tun, wenn ein Huhn erkrankt? Halten Sie für einen solchen Fall die Adresse und Telefonnummer eines Tierarztes parat und hinterlegen etwas Geld, so dass Ihre Hühnerbetreuung nicht in Vorkasse treten muss. Nehmen Sie sich Zeit, Ihrem Helfer die tägliche Versorgung der Tiere zu erklären.

Schauen Sie, dass das Futter zugänglich ist. Falls Sie verschiedene Futtermittel in einem bestimmten Verhältnis mischen, können Sie dies auch schon für die Tage Ihrer Abwesenheit im Vorfeld erledigen und in ein extra Behältnis füllen. Dazu bekommt Ihr Hühnerbetreuer noch einen kleinen Eimer oder anderes Gefäß, an dem von außen mit einem wischfesten Stift die tägliche Einfüllhöhe des Futters markiert ist. So stellen Sie sicher, dass das Futter in der korrekten Menge gegeben wird. Nun kann fast nichts mehr schiefgehen.

Das Huhn mit Hund und Katze

Hund, Katze und anderes Getier mögen ebenfalls bei Ihnen wohnen. Der Wunsch eines jeden Hühnerhalters ist das harmonische Miteinander all seiner Tiere. Zum Teil mag dieser Wunsch Wirklichkeit werden. Sie tragen als Besitzer die Verantwortung für Ihre tierischen Freunde. Unbeaufsichtigtes Zusammenlassen von Hund oder Katze kann schnell zur tödlichen Gefahr für ein Huhn werden. Im Zweifel schützt ein sicher eingefriedeter Auslauf Ihre Hühner vor möglichen Angriffen von Hunden und Katzen. Mitunter ist es weniger Jagdtrieb denn Spieltrieb, welcher fellige Gefährten dazu treibt, sich näher mit dem

Federvieh zu beschäftigen. Dem Huhn nützt dies wenig, denn die Konsequenz ist fast immer die gleiche und reicht vom Schock und ein paar gerupften Federn bis zum Tod.

Hühner und Greifvögel

Neben einem geschützten Freilauf und einem des Nachts zuverlässig verschlossenen Stall lauert auch Gefahr von oben. Greifvögel schlagen Hühner und sind je nach Region unterschiedlich stark vertreten. Hohe Bäume im Auslauf spenden den Hühnern Schatten, doch sitzen in den Kronen von Großbäumen bisweilen Rotmilan, Wanderfalke und weitere Raubvögel und erspähen Beute. Um Hühner zuverlässig vor Greifvögeln zu schützen, bleibt nur eine Einzäunung von oben mit Hilfe eines Netzes oder Ähnlichem. Häufig sind es grüne Kunststoffnetze, welche für diesen Zweck verwendet werden.

Der große Tag, das Huhn zieht ein

Endlich ist es soweit, die Hühnerschar zieht ein. Mit guter Planung reduzieren Sie den Umzugsstress für Ihre Hühnerherde. Hühnerstall und Auslauf sind fertiggestellt. Dazu gehören auch Futter- und Wasserspender, ein fertig eingestreuter Stall und falls Ihr Hühnerstall über eine automatische Hühnerklappe verfügt, so sollte diese bereits programmiert sein. Haben Sie Hühnerfutter in ausreichender Menge daheim. Erkundigen Sie sich, womit die Tiere bislang gefüttert wurden. Sollten Sie Ihre

Hühner bei einem Geflügelzüchter in der Nähe bekommen, so kann er Ihnen sicher auch seinen Futterlieferanten nennen.

Es empfiehlt sich als Hühnerneuling, ein paar Hühner auf einmal aus gleicher Quelle zu erwerben. Ansonsten müssen fremde Hühner vergesellschaftet werden. Hühner, welche sich nicht kennen, sollten nicht einfach zusammengesetzt werden. Bei der Vergesellschaftung von Hühnern sind zumindest glimpflich verlaufende Reibereien zu erwarten. Doch bevor fremde Hühner zusammen gelassen werden, sollten sie eine Zeitlang in Quarantäne.

Nicht jeder Hühnerhalter separiert seine Neuzugänge, doch jedes einzelne Huhn kann Krankheiten in sich tragen. Nur weil ein Tier gesund aussieht, ist noch lange nicht sichergestellt, dass es auch tatsächlich gesund ist. Nicht selten ist ein krankes Huhn erst dann als krank zu erkennen, wenn es bereits ernsthaft gesundheitlich angegriffen ist.

Egal wie oft Sie bereits ohne entsprechende Quarantäne Hühner vergesellschaftet haben oder Hühnerhalter Ihnen erzählen, dass dies nicht notwendig sei, Sie gehen das Risiko ein, Krankheiten in den Bestand einzubringen. Im schlimmsten Fall sorgt ein erkrankter Neuzugang dafür, dass sich die gesamte Hühnerschar infiziert und verstirbt.

Es geht mir nicht darum, ein Schreckensszenario auszumalen. Sie sollen um die möglichen Risiken einer unmittelbaren Vergesellschaftung aufgeklärt sein. Ihre Hühnerschar befindet sich in Ihrer Fürsorge und so sind

Sie es, dessen umsichtiges und verantwortungsvolles Handeln gefragt ist. Setzen Sie nicht die Gesundheit und das Leben des Federviehs aufs Spiel und bauen darauf, dass schon alles gut geht. In Hinblick auf die Gesundheit Ihrer Tiere sei an dieser Stelle angemerkt, dass bei Neuzugängen unbedingt auf die gesetzlich geforderten Impfungen zu achten ist.

Transport

Sie holen Ihre Hühner ab, womöglich mit dem Auto. An diesem Tag sollten nicht unbedingt vierzig Grad Celsius herrschen und bei Bedarf empfiehlt es sich, dass Auto im Schatten zu parken und die Klimaanlage einzuschalten. Es gibt spezielle Transportboxen für Hühner zu kaufen, doch das ist nicht unbedingt nötig. Das Behältnis für den Transport muss nicht wesentlich größer als das Huhn selbst sein. Bewährt haben sich stabile Kartons, in welche Sie ein paar Luftlöcher stechen können. Da der Karton recht dunkel ist und die Hühner ihren Umzug nicht visuell mitverfolgen können, sind sie meist sehr ruhig in der Pappkiste. Denken Sie jedoch daran, sie von oben mittels Klebeband oder Ähnlichem zu verschließen. Solche Transportkartons lassen sich gut für weitere Hühnertransporte wiederverwenden. Eine Zeitung auf dem Boden des Kartons hält das Behältnis für späteren Gebrauch sauber.

Die erste Nacht im neuen Heim

Bringen Sie nun die Hühner zu sich nach Hause. Geben Sie Ihre neuen Schützlinge in den Stall, in dem bereits Futter und Wasser aufgefüllt sind und schließen Sie die Türe. Bei einbrechender Dunkelheit werden Ihre Hühner höchstwahrscheinlich von ganz alleine auf den ihnen angebotenen Hühnerstangen Platz nehmen, welches Aufbaumen genannt wird.

Die Nacht bricht herein und Ihre Tiere lernen, dass der Stall nun ihr sicherer Rückzugsort ist. Zwar könnten Sie bereits am nächsten Tag die Stalltür zum Auslauf öffnen, doch erfahrungsgemäß wird das eine oder andere Huhn bei einbrechender Finsternis in einem nahegelegenen Strauch oder einer Hecke schlafen wollen. Um sicherzugehen, dass die Hühnerschar ihr neues Heim als solches akzeptiert und abends bei Dunkelheit brav in den Stall geht, lassen Sie Ihr Federvieh zwei bis drei Tage eingesperrt. Hühner sind Gewohnheitstiere und brauchen Zeit, um sich mit ihrem neuen Zuhause vertraut zu machen.

Alternative Nummer zwei ist, die Tiere bereits am nächsten Tag in den Auslauf zu lassen und des Abends gegebenenfalls Hühner aus den Büschen zu klauben und im Stall auf die Stange zu setzen. Bitte lassen Sie die Hühner nicht einfach draußen. Die Gefahr, dass ein Huhn Opfer von Marder und anderen Räubern wird, ist viel zu hoch. Zudem haben Sie in Zukunft keine Arbeit mehr damit, Federvieh aus Sträuchern zu sammeln. Die meisten Hühner lernen umgehend, den neuen Stall selbsttätig aufzusuchen, einige wenige benötigen ein bis zwei Tage länger.

Das Auflesen der Hühner zum Abend gestaltet sich einfach, da die Tiere bei Dunkelheit reglos dasitzen. Lediglich das Auffinden des Federviehs kann ganz schön schwierig werden. So habe ich schon gut zwanzig Minuten nach einer schwarz-braunen Henne gesucht, die ausgezeichnet getarnt durch die sie umgebende Dunkelheit inmitten einer Ligusterhecke schlummerte. Bei diesem friedlichen Anblick hätte ich sie fast dort gelassen, doch das wäre unverantwortlich gewesen. Zu leicht können draußen schlafende Hühner Raubtieren zum Opfer fallen.

Falls Sie eine automatische Hühnerklappe für Ihren Stall verwenden, haben Sie die Gewissheit, dass kein Fressfeind während der Nacht zu Ihrem Federvieh vordringen kann. Nicht nur, dass Hühner schnell ihre neue Umgebung akzeptieren, zukünftiges Federvieh orientiert sich in aller Regel an den alten Hasen und so wird Ihnen das Hineinbringen der Hühner in den Stall zukünftig erspart bleiben.

Selbst wenn sich in der Eingewöhnungsphase das abendlich selbständige Hineingehen der Hühner noch nicht ganz eingespielt hat, so finden Ihre Tiere in aller Regel Futter und Wasser selbsttätig.

Sandbad

Hühner sind reinlich und um sie bei ihrer natürlichen Gefiederpflege zu unterstützen, darf auch ein Sandbad nicht fehlen. Ein Sandbad sollte überdacht sein, damit es auch wirklich trocken ist und zum Staubbaden einlädt. Eine eingegrabene Babybadewanne gefüllt mit Sand oder Erde, manche schwören auf Holzkohleasche, rundet einen sinnvoll bepflanzten Hühnerauslauf ab. Sie können das Sandbad auch direkt auf dem Erdreich anlegen und die Badewanne weglassen. Bei Bedarf scharren Hühner sich ihr Sandbad selbst, doch ist es dann in der Regel nicht überdacht und wird nur bei trockenem Wetter benutzt.

Hühner lieben es, in der warmen Nachmittagssonne im Sand zu dösen und die Flügel weit von sich zu strecken. Hühner beim Sonnen- und Staubbaden zuzusehen, ist eine wahre Freude und einer der vielen Momente, die den Hühnerhalter so sehr für seine Einsatzfreude entlohnen.

Der Tagesablauf der Hühnerschar

Legenester werden von Hennen meist gut angenommen und sollten Sie einen Hahn besitzen, so stehen die Chancen gut, dass er des Vormittags eine nach der anderen seiner Auserwählten zur Nestbox hin- und zurückbegleitet.

Hühner haben einen festen Tagesablauf und nach dem morgendlichen Fressen und Trinken tritt der Hahn ein paar Hennen, sofern er aktiv ist, und dann kommen die

Legehennen zum Zug und machen ihrem Namen alle Ehre.

Der Vormittag ist eine geschäftige Zeit bei den Hühnern und oft wird die Ankunft eines Hühnereies mit lautem Gegacker und Geschrei der jeweiligen Henne begrüßt, der Hahn stimmt mit ein und anschließend die ganze Hühnerschar.

Glückliche Hühner kennen keine Langeweile. Gegen Mittag haben auch die letzten Hennen ihr Ei gelegt und dann wird es wieder etwas ruhiger. Es wird gepickt und gescharrt, des Nachmittags gibt es nicht selten eine gemütliche Siesta unter dem Schutz eines Strauchs und der stolze Hahn hält Wache über sein Harem. Nach dieser vergnüglichen Pause wird wieder vermehrt gespeist und bevor es Zeit zum Schlafen wird, beglückt der Hahn noch ein paar Hennen. Mitunter ist es auch fast immer die gleiche Henne. Eine auserkorene Lieblingshenne ist leicht auszumachen, da sie vom häufigen Tretakt einen kahlen Rücken aufweist. Bei sehr aktiven Hähnen sollte über die Erhöhung der Hennenanzahl nachgedacht werden. Manche Rassen bringen eher ruhige Vertreter hervor, doch sollten Sie für die meisten Hühnerrassen vier Hennen auf einen Hahn rechnen.

Damit sich Hühner rasch an ihre neue Umgebung anpassen, ist eine gewisse Routine ratsam. Das Gewohnheitstier Huhn liebt einen geregelten Tagesablauf. Ein Tipp, um mit der Hühnerbande schnell auf per Du zu sein: Hühner sehen Farben. Machen Sie sich dieses Wissen zunutze und gehen zum Beispiel morgens und nachmittags zu Ihren Hühnern und geben Ihnen etwas Futter. Falls Sie Wert auf zahme Hühner legen, so haben Sie eine kleine Schüssel in einer bestimmten Farbe dabei. Welche Farbe, ist dabei völlig egal, wichtig ist nur, dass dies nun *Ihre Hühnerschüssel* ist. Für diesen Zweck habe ich eine kleine orange Kunststoffschüssel, in welche ich Leckereien hineinlege, die beim Kochen für die Hühner übrigbleiben, wie etwa ein bisschen gekochte Kartoffel oder Quark. Sie glauben gar nicht, wie schnell die Federknäuel das raushaben. Sie rennen und fliegen mir förmlich entgegen, sobald sie mich mit der orangen Schüssel sehen. Meine Hühner suchen meine Nähe inzwischen auch ohne Schüssel. Praktischer Nebeneffekt: Sollte ein Huhn krank werden, ist ein zahmes und an Berührungen gewohntes Huhn durch das notwendige Anfassen zum Untersuchen nicht so stark gestresst.

Ihre Hühnerschar lernt Sie schnell kennen und ich wage zu behaupten, dass Tiere immer spüren, wer es gut mit ihnen meint. Gehen Sie ruhig mit Ihren Hühnern um und sprechen mit ihnen, falls sie noch scheu sind. Mit Geduld und Liebe wird das Huhn zu Ihnen kommen, wenn es möchte. Wichtig ist, die Tiere so zu akzeptieren, wie sie sind.

Der Hühnerstall

Um es gleich vorweg zunehmen, es gibt nicht den perfekten Hühnerstall. Diverse Anbieter im Internet und Tierbedarfsläden bieten mobile Hühnerställe im Miniformat an. Diese Ställe sind wirklich winzig. Selbst von kleinen Hühnerrassen sollte man nicht mehr als drei Hühner in solch einem Stall zur Nacht halten, wobei der integrierte Auslauf definitiv nicht ausreicht. Sollten Sie solch ein Exemplar erwerben, so können die Hühner wirklich ausschließlich darin schlafen. Es ist jedoch gut möglich, solch einen kleinen Stall als Gluckenstall zu verwenden. Bedenken Sie bitte, dass bei Stallpflicht die Tiere unmöglich auch tagsüber in einem kleinformatigen Hühnerstall untergebracht werden sollten.

Von manchen Hühnerhaltern wird ein Gewächshaus zum Auslauf zweckentfremdet. Die Temperaturen in einem Gewächshaus können bei Sonne von Frühjahr bis Herbst sehr hoch werden, so dass zumindest teilweise Elemente mit Drahtgeflecht ausgetauscht werden müssen, damit genügend Luftzirkulation vorhanden ist und die Tiere keinem Hitzschlag erliegen.

Je einfacher ein Hühnerstall zu säubern ist, desto besser. Haben sich einmal Milben oder andere Parasiten breitgemacht, ist es von Vorteil, wenn der Stall so wenig Ritzen und Winkel wie möglich aufweist. In diesem Punkt ist ein gemauerter Hühnerstall einem Holzstall überlegen. Doch nicht nur Ritzen und Winkel an den Wänden können Parasiten Unterschlupf gewähren, auch ein Untergrund aus gestampfter Erde oder Holz verhindert nicht immer zuverlässig das Eindringen von Ratten und Mäusen. Ein fester Untergrund aus Beton oder Ähnlichem hält die unerwünschten Gäste fern.

Vielleicht haben Sie Glück und Sie können einen alten, gemauerten Hühnerstall aus seinem Dornröschenschlaf erwecken. Ein Gartenhaus aus Holz lässt sich zum Hühnerstall umfunktionieren. Sie müssen eine Öffnung für die Hühnertüre in eine Außenwand sägen.

Kleiner Tipp, sägen Sie die Öffnung nicht ebenerdig in die Außenwand, sondern mindestens zwanzig Zentimeter erhöht. So verteilt sich keine Einstreu aus dem Stall nach draußen. Hinein und hinaus aus dem Stall kommt das Federvieh mit einer Hühnerleiter. Dafür bringen Sie einfach an die Innen- und Außenseite des Stalls zur Hühnertüre ein Brett schräg an die Stallwand an, welches die Hühner in und aus dem Stall führt. Hühner nehmen Hühnerleitern gut an. Wenn Sie möchten, können Sie auch noch kleine Querleisten auf den Brettern befestigen, damit Ihre Hühner genug Bodenhaftung haben. Achten Sie nur darauf, dass keine kleinen Nägel verwendet werden beziehungsweise herausstehen, da sie ein Verletzungspotenzial darstellen.

Sofern Sie die Türe nicht jeden Tag von Hand öffnen und schließen möchten, können Sie an der Öffnung auch den Schieber einer automatischen Hühnertüre anbringen. Diese funktionieren teils mit 12-Volt-Batterien, doch es zahlt sich aus, am Hühnerstall einen Strom- und Wasseranschluss zu haben. Vielleicht möchten Sie in der dunklen Jahreszeit den Stall stundenweise beleuchten oder benötigen einen Wärmestrahler.

In einem Gartenhaus müssen Sie nun noch Hühnerstangen anbringen, wobei sich Vierkanthölzer aus dem Baumarkt anbieten. Vierkanthölzer haben im Gegensatz zu Rundhölzern den Vorteil, dass diese Form besser für die Muskulatur des Hühnerfußes ist. Nehmen Sie Hölzer von fünf bis acht Zentimeter Kantenlänge und bringen Sie die breitere Kante nach oben gedreht an. Bevor Sie die Sitzstangen anschrauben, schauen Sie bitte, dass das Holz nicht splittert. Behandeln Sie die Oberfläche mit grobem Schleifpapier nach und runden die Kanten etwas ab.

Da Hühner eine Hackordnung haben und die ranghohen Tiere weiter oben Aufbaumen, gibt es schonmal Tumult in der dynamisch-fließenden Hierarchie der Hühner. Sie können alle Hühnerstangen auf gleicher Höhe anbringen, so dass die zwangsdemokratisierten Hühner kein Theater mehr veranstalten können. Achten Sie beim Anbringen von zwei oder mehr Hühnerstangen auf gleicher Höhe darauf, dass diese – abhängig von der Größe der Hühnerrasse – mindestens fünfundzwanzig Zentimeter Abstand voneinander aufweisen. Die Hühner auf der Stange haben schließlich eine bestimmte Körperlänge. Manch ein Hahn besitzt auch prächtiges Schwanzgefieder, welches bei sehr nahe an der Wand angebrachten Sitzstangen mit der Zeit doch ziemlich ramponiert aussieht.

Je nach Hühnerrasse werden Sitzstangen in fünfzig bis hundert Zentimeter Höhe angebracht. Da die Hühnerherde, falls kein Aufstallungsgebot vorherrscht, sich vornehmlich zur Nacht im Stall einfindet, sind die meisten Exkremente genau unter den Sitzstangen zu finden. An dieser Stelle sollten aus gerade genanntem Grund keine Nestboxen aufgestellt werden.

Sie können eine OSB-Platte verwenden und unter den Sitzstangen anbringen. So lässt sich der Kot täglich vom Brett fegen und aus dem Hühnerstall bringen. Andernfalls liegen die Exkremente auf dem Boden und das eine oder andere Huhn läuft mitten durch.

Es gibt auch Hühner, die meinen, sie müssten von der Sitzstange springen und auf dem Kotbrett schlafen. Man kann es nie allen recht machen. Sollten Sie ein solches Exemplar Ihr Eigen nennen, so könnten Sie das, zum Beispiel mit Winkeln befestigte, Kotbrett wieder entfernen.

Ein Gartenhaus zu einem Hühnerstall umzubauen ist kein Hexenwerk, doch bedenken Sie, dass sich zwischen den Brettern allerlei Getier festsetzen könnte. Beim Kauf diverser Farben, Lacke und Imprägniermittel ist unbedingt darauf zu achten, dass diese Stoffe weder für Mensch noch Tier gesundheitsschädlich sind.

Die automatische Hühnerklappe

Jeder kennt sie und der Begriff der automatischen Hühnerklappe ist selbsterklärend. Zuweilen ist sie auch unter den Namen automatischer Stallöffner, Klappensteller oder elektronischer Pförtner anzutreffen. Eine automatische Hühnerklappe schützt die Hühnerschar vor potenziellen Raubtieren und bringt noch einen weiteren Vorteil mit sich; Sie müssen die Hühnerklappe nicht mehr manuell betätigen.

Inzwischen gibt es eine Menge an Klappenstellern auf dem Markt. Sie sind beispielsweise dämmerungs-, zeit-, und/oder temperaturgesteuert. Die automatischen Hühnerklappen werden mittels Strom betrieben und verfügen teils über einen 12-Volt-Anschluss. Das Herz des Hühnerhalters bekommt nahezu alles, was es begehrt. Trotz der Bekanntheit der automatischen Hühnerklappen stehen manche Hühnerbesitzer dieser technischen Errungenschaft mit Skepsis entgegen.

Eine verbreitete Sorge ist, dass das Huhn durch die selbständig schließende Türe verletzt werden könnte. Die gängigen elektrischen Pförtner stoppen bei Widerstand und schieben sich nach oben auf, um nach kurzer Zeit wieder langsam hinunterzufahren. Die Betonung liegt hier auf *langsam,* da die verschiedensten Hersteller sich offensichtlich einig darüber sind, dass ein automatischer Schieber gemächlich zu schließen habe. Ihr Huhn wird also nicht guillotiniert.

Automatische Hühnerklappen sind dafür konzipiert, auch extremen Temperaturen zu trotzen. Manch ein Hersteller wirbt damit, dass sein elektronischer Pförtner selbst bei Minusgraden wacker seinen Dienst verrichtet. Doch auch hier gilt, Fehlfunktionen können niemals ausgeschlossen werden.

Mit einem weiteren Vorurteil gegen die automatischen Türöffner möchte ich aufräumen. Sei es zu Silvester oder bei einem Gewitter mit Blitzen, der elektronische Pförtner wird nicht sofort aufgrund der Helligkeit seinen Schieber nach oben fahren. Der Dämmerungssensor benötigt in aller Regel über einen längeren Zeitraum eine gewisse

Helligkeit, um einen neuen Tag für das Federvieh einzuläuten.

Das Grundprinzip der Klappensteller ist übrigens von Produkt zu Produkt relativ gleich. Die Öffnung zum Hühnerstall wird mit Hilfe eines vertikalen Schiebers verschlossen. Meist geschieht dies mittels eines Seilzugs. Überlegen Sie sich, ob und welche Hühnerklappe für Sie die richtige Wahl wäre. Grundsätzlich lässt sich sagen, dass es zeit- und dämmerungsgesteuerte Hühnertüren gibt, welche trotz der Kombination von Verfahren oft nicht teurer sind als beispielsweise ein rein dämmerungsgesteuerter elektronischer Pförtner.

Falls Sie Bedenken haben, dass ein cleverer Marder in den frühen Morgenstunden nur darauf lauert, dass sich die automatische Hühnerklappe hochschiebt, so können Sie entweder den Dämmerungssensor so einstellen, dass er erst nach dem Heranbrechen des Tages öffnet oder Sie entscheiden sich für die zeitgesteuerte Version und legen eine spätere Uhrzeit fest, zu welcher die Türe Ihren Hühnern den Weg ins Grüne freigibt.

Was tun, wenn die automatische Hühnerklappe nicht öffnet? Ja, dieses Szenario ist rein theoretisch möglich, wenngleich nicht wahrscheinlich. Um es kurz zu machen, Stromausfall oder eine gerissene Schnur, welche den Schieber betätigt, sind die hauptsächlichen Übeltäter.

Grund Nummer eins namens Stromausfall kann mit einem zusätzlichen 12-Volt-Stromanschluss vorgebeugt werden.

Zu Grund Nummer zwei, der gerissenen Schnur: Viele elektronischen Pförtner verfügen über eine Kordel, mit welcher der vertikale Schieber in die Höhe gezogen wird. Das Zerreißen der Schnur ist auf Materialermüdung zurückzuführen, welche durch jahreszeitlich bedingte Temperaturschwankungen beschleunigt wird.

Letztlich ist auch Grund Nummer zwei leicht zu beheben und Sie können das Band durch ein anderes austauschen oder einen dünnen Kabelbinder verwenden.

Zu guter Letzt sei noch erwähnt, dass der Schieber, welcher meist in Führungsschienen läuft, ein wenig ruckeln kann. Mit ein paar Tropfen Werkzeugöl läuft jedoch alles wieder wie geschmiert.

Ist die Anschaffung eines elektronischen Pförtners gerechtfertigt? Das können nur Sie selbst wissen. Es ist unumstritten, dass sich eine Hühnertüre auch von Hand bedienen lässt, doch es muss wirklich eine Hand her. Das heißt, eine automatische Hühnerklappe kostet zwar in der Anschaffung Geld, doch schenkt sie Ihnen mehr Flexibilität. Wenn Sie Ihre Tiere im Sommer schon bei einsetzender Helligkeit hinauslassen möchten, ist es zuweilen noch sehr früh, doch mit einer automatischen Hühnerklappe können Sie weiterschlafen, während Ihre Hühner schon in aller Frühe den Tag begrüßen.

Ein weiteres, sehr alltägliches Beispiel ist, dass Sie im Winter am Nachmittag unterwegs sind und die Dämmerung einsetzt. Muss der Hühnerstall manuell verschlossen werden uns Sie sind nicht daheim, sind Ihre Tiere möglichen Räubern wie Marder und Fuchs ausgesetzt. Automatische Hühnerklappen haben ihren Preis, doch sie schenken mehr Freiheit und Sicherheit.

Wie gewöhnt man die Mischpoke an den elektronischen Pförtner? Im Prinzip ist das nicht schwer. Schauen Sie, zu welcher Zeit sich Ihre Hühnerschar abends im Stall einfindet. Die eine Gruppe lässt bereits beim geringsten Anzeichen heranbrechender Dämmerung den Tag einen Tag sein, während andere Hühner sich erst bei fortgeschrittener Dunkelheit auf ihre Sitzstangen begeben.

Machen Sie die automatische Hühnerklappe für ihre Feuertaufe schon am Tage startklar. Idealerweise wird der Zeit- beziehungsweise Dämmerungssensor so eingestellt, dass der Klappensteller zu einem etwas späteren Zeitpunkt schließt, als die Hühnerherde im Stall eintrudelt. Soll heißen, wenn Ihre Tiere gestern um siebzehn Uhr bettfertig waren, so programmieren Sie die Zeit so, dass die Klappe circa zehn bis fünfzehn Minuten später hinunterfährt. Der Dämmerungssensor wird nach dem gleichen Verfahren eingestellt. Automatische Hühnerklappen haben ihre Berechtigung und so mancher Hühnerfreund möchte womöglich nicht mehr ohne auskommen.

Ein Stall mit automatischer Hühnerklappe.

Legenester

Selbstredend ist, dass Sie Legenester im Hühnerstall haben, ansonsten legen Ihre Hühner die Eier irgendwo hin. Dies ist nicht nur umständlich, nein, die Eier verdrecken schneller und teils mögen Sie Eier im Stall oder Auslauf finden, von denen Sie noch nicht einmal annähernd sagen können, wie alt sie sind. Glauben Sie mir, ein schlechtes Ei zum Frühstück braucht niemand.

Legenester, auch Nistboxen, Nestboxen oder Hühnerboxen genannt, gibt es in den unterschiedlichsten Ausführungen. Ihre Größe variiert je nach Hühnerrasse. Eine Henne sollte sich im Nest um ihre eigene Achse drehen können und daher empfiehlt sich eine durchschnittliche Nestbox-Größe von dreißig bis fünfunddreißig Zentimetern Tiefe, dreißig bis fünfunddreißig Zentimetern Breite und fünfunddreißig bis vierzig Zentimetern Höhe.

Es gibt Legenester bereits fertig zu kaufen, teils mit abgeschrägtem Dach, so dass Hühner nicht auf ihnen Platz nehmen und sie beschmutzen. In vielen Nestboxen ist ein Loch im Boden angebracht, so dass das Ei in eine Schublade rollt und nach dem Legen für die Henne unzugänglich ist. So kann die Henne das Ei nicht bebrüten oder fressen.

Es existiert die Unart des Eierfressens unter Hühnern, bei der man vermutet, dass sie eher zufällig entsteht und ein Huhn versehentlich ein Ei zerbricht, von ihm kostet und so auf den Geschmack kommt. Mitunter wird dieses Verhalten nachgeahmt und dann sieht es schlecht aus mit der Eierversorgung. Wenngleich dieses Szenario nicht an der Tagesordnung steht, so wirken Abrollnester dem Eierfressen entgegen.

Es gibt auch sogenannte Kontroll- oder Fallnester. Die Henne gelangt in das Nest hinein, aber nicht selbsttätig wieder hinaus. Je nach Mechanismus geht eine Klappe oder Vergleichbares hinter der Legehenne zu und versperrt ihr den Rücktritt. Kontrollnester werden eher von Züchtern benutzt, da sie anhand der festgehaltenen Henne das gelegte Ei exakt zuordnen können. Somit dienen Fallnester dem Abstammungsnachweis und bedürfen der regelmäßigen Kontrolle des Hühnerzüchters, da die Henne alleine nicht aus dem Legenest kommt.

Nistboxen können auch als großes Gemeinschaftsnest angelegt werden. Die gemeine Henne mag es gern gesellig und der Hahn hat fast ausnahmslos nichts dagegen, gleich einen ganzen Schwung seiner Angebeteten zum Eierlegen zu eskortieren.

Nestboxen können nebeneinander und übereinander angebracht sein und auch hier macht sich die Hackordnung bemerkbar. Ranghohe Hennen bevorzugen höher gelegene Plätze zum Legen.

Ein zur Verfügung gestellter Eiablageplatz ist kein Muss, da Hennen naturgemäß Eier legen, sei es mit oder ohne Nistbox. Doch wie bereits erwähnt, platzieren Hennen ihre Eier ohne vorhandene Legenester recht wahllos, jedoch bevorzugen sie in aller Regel nicht allzu helle Plätze.

Nestboxen lassen sich selbst bauen und es gibt zufriedene Hühner, welche ihre Eier in ausrangierte

Bananenkisten legen. Geben Sie ein wenig Einstreu in die Nestboxen. Auf vier Hennen sollte mindestens ein Legenest kommen. Einzel- und Gemeinschaftsnester lassen sich auch kombinieren. Hühner haben ihren eigenen Kopf. Es gibt Legehennen, die partout keine Gemeinschaftsnester benutzen, während andere ihre Eier nur dort ablegen.

Ernährung

Hühner sind Allesfresser, auch Würmer und Schnecken werden nicht verschmäht, wenn sie schnabelgerecht zerlegt und geschluckt werden können.

Das Thema Ernährung wird nicht nur beim Huhn kontrovers diskutiert. Möchten Sie ihre Hühnerschar gentechnikfrei füttern? Es gibt eine Vielzahl an Futtermittelherstellern, welche die unterschiedlichen Ernährungskonzepte des Huhns berücksichtigen und zum Teil Bio-Qualität anbieten. Gleich, wie die Ernährung im Detail aussieht, es geht darum, den Kalorien- und Nährstoffbedarf des Tieres zu decken sowie ausreichend Mineralien, Vitamine und Spurenelemente zuzuführen.

Da Hühner im Muskelmagen ihre Nahrung mit Hilfe kleinster aufgenommener Steinchen zermalmen und so weiterverwerten, benötigen sie sogenannten Grit zur freien Verfügung. Bei einem Auslauf im Grünen ist eine spezielle Gabe an Steinchen nicht notwendig. Bieten Sie Ihren Hühnern regelmäßig Muschelkalk an, damit sie feste Eierschalen produzieren können. Sie können den

Muschelkalk mit ins Futter mischen und so täglich anbieten.

Sei es für Küken, Legehennen oder Junghennen – für sie alle gibt es ein eigenes Futter zu kaufen. Hühner brauchen je nach Rasse, Lebensalter und Umwelteinflüssen unterschiedlich viel Futter, doch im Schnitt sind es 120 Gramm pro Tag pro Huhn. Wichtig ist, dass die Legehennen genug Eiweiß zugeführt bekommen, sonst nimmt die Legeleistung ab. Neben diversen Alleinfuttermitteln gibt es Legemehl oder Legepellets, welche anteilig meist mit Getreide gemischt werden.

Zusätzlich zu Weizen lassen sich beispielsweise Roggen, Dinkel, Haferflocken, Sonnenblumenkerne, Erbsen, Linsen und Soja verfüttern. Hinsichtlich der Fütterung gibt es viele Möglichkeiten. Zusätzlich etwas frisch zubereitetes Keimfutter wird von Hühner gern gefressen.

Gemeinhin gültig ist eine Kohlenhydratzufuhr von fünfzig Prozent der Gesamtmenge, oft in Form von Getreide. Idealerweise bekommt das Hühnervieh bis zu einem Fünftel der Gesamtnährstoffmenge ausmachend an pflanzlichem Eiweiß gereicht.

Ich persönlich mische gerne Weizen mit gebrochenem Mais in einem Verhältnis von fünfzig zu fünfzig und gebe Legepellets dazu.

Im Hühnerauslauf suchen sich die Hühner zusätzliches Futter selbst und so wird der Speiseplan sinnvoll ergänzt durch kleine Fluginsekten, Käfer, Würmer, Gras, Klee,

Löwenzahn, Gänseblümchen, diverse Wildkräuter und Beerenobst. Das findige Federvieh weiß meist sehr genau, was ihm schmeckt und Hühner mit Freilauf zeichnen sich durch schmackhafte Eier aus.

Klee und Löwenzahn geben einen kräftigen Dotter und einen vorzüglichen Geschmack. Die Verfütterung von Bruchmais schmeichelt ebenfalls dem Gaumen und schlägt sich in einem satten, orangefarbenen Dotter nieder. Letztendlich lässt sich über Geschmack jedoch nicht streiten. Mit der Zeit werden Sie feststellen, bei welchem Hühnerfutter die Eier für Sie sehr gut schmecken. Grundsätzlich lässt sich jedoch sagen, dass neben dem bereitgestellten Futtermittel der Nahrung im Freilauf viel Gewicht zukommt. „Du bist, was du isst" scheint auch für das Huhn zu gelten. Wer einmal eigene Hühner hatte und sich mit Eiern selbstversorgen konnte, wird nicht mehr so gerne Eier von fremden Hühnern essen. Der Geschmack von Eiern, welche von Hühner stammen, die ihr Dasein nur im Stall fristen, erscheint oft trist und fad.

Ein Huhn darf selbstverständlich unverdorbene Küchenabfälle wie diverses Obst und Gemüse bekommen. Milchprodukte sollten nur sparsam verfüttert werden und als besonderer Leckerbissen herhalten, da Hühner von Natur aus laktoseintolerant sind und nur ein gewisses Maß an Milchzucker aufspalten können.

Hühner sind keine Kostverächter, doch um gesund zu bleiben, darf das Federvieh nicht alles zu sich nehmen. Hühner dürfen keine rohen Pflanzen fressen, welche zu den Nachtschattengewächsen zählen, dazu gehören Tomate, Aubergine und Kartoffel. Sie enthalten das für Hühner giftige Solanin, welches jedoch durch Kochen unschädlich gemacht wird. Avocados sind ebenfalls giftig für Hühner. Die grüne Frucht mit dem hohen Fettanteil beinhaltet Persin, welches für sämtliche Vögel zum Tod führen kann. Des Weiteren sind gewürzte Lebensmittel zu meiden sowie die Verfütterung jeglicher Süßigkeiten.

Gleich, ob sie das Futter nun selbst zubereiten oder kaufen, Hühnerfutter muss immer von einwandfreier Qualität sein. Besorgen Sie nicht zuviel auf Vorrat, so dass das Futter frisch ist, lagern Sie es dunkel und trocken. Die Behältnisse sollten verschlossen werden und unzugänglich für Mäuse, Ratten und andere Tiere sein.

Es ist eine Unsitte, Futtersäcke aufzureißen und aus ihnen Futter zu entnehmen, bis der Sack leer ist. Nicht nur, dass angelockte Tiere von dem Futter fressen und sich in der Nähe einnisten können, sie sind auch mögliche Überträger von Krankheiten. Offen stehen gelassenes Futter zieht schneller Feuchtigkeit und verdirbt. Auch anderes Kleingetier wie Kornkäfer und Motten machen sich zuweilen im Futter breit.

Geben Sie jeden Tag so viel frisches Futter, wie gefressen wird. Es gibt automatisch funktionierende Futterspender, welche die Futtermenge dosieren, doch meist sind einfache, kreisrunde Futterbehältnisse aus Kunststoff im Einsatz, die Sie etwas erhöht auf einen Ziegelstein oder Ähnliches stellen können. Auf diese Weise scharren die Hühner keine Einstreu ins Futter.

Die Hühnerfütterung sollte konsequent im Stall erfolgen, damit keine Wildvögel zum Futter gelangen, welche denkbare Krankheitsüberträger darstellen.

Im Rahmen der Hühnerernährung möchte ich Kükenfutter ansprechen. Gleich, ob Sie kein fertiges Kükenfutter kaufen möchten oder eine Glucke es fertigbrachte, unbemerkt ihr Gelege auszubrüten und Sie ganz plötzlich vor der Frage stehen, womit Sie die Kleinen nun füttern, Kükenfutter lässt sich selbst zubereiten.

Ein bewährtes Rezept zur Herstellung von Kükenfutter besteht aus hartgekochten Eiern, Löwenzahnblättern, Brennnesselblättern und Haferflocken. Kochen Sie Eier hart und zerdrücken Sie sie mit einer Gabel, mischen Sie klein gehackte Löwenzahn- und Brennnesselblätter hinzu. Die Haferflocken werden mit der Masse vermengt. Sie können die Haferflocken für die ganz Kleinen zuvor mörsern. Das Ei nimmt im Verhältnis den größten Teil ein, an zweiter Stelle stehen mengenmäßig die Haferflocken. Die Masse sollte nicht zu klebrig sein und sich leicht von der Gabel lösen.

Küken sind in der Regel gute Fresser. Ab und an freuen sich die Küken auch über eine gekochte, zerdrückte Kartoffel. Sie können die zerstampfte Kartoffel direkt in die Mischung geben. Glucken sind ebenfalls sehr gierig auf das Futter, dennoch sollte der Henne zusätzlich ihr reguläres Fressen angeboten werden. Geben Sie den Küken mehrmals täglich so viel Nahrung, wie zügig aufgefressen wird und entfernen Sie den Rest.

Im Zuge der Ernährung sei auch die Flüssigkeitszufuhr für das liebe Federvieh erwähnt. Mehr als zweihundert Milliliter Wasser benötigt ein Huhn im Durchschnitt am Tag. Sorgen Sie für ausreichend frisches Wasser. Wasserspender sind häufig aus Kunststoff, sogenannte Stülptränken. Sie sollten ebenfalls leicht erhöht stehen, damit die Federknäule das Wasser nicht mit Streu verunreinigen. Reinigen Sie die Stülptränke regelmäßig, um Bakterienwachstum einen Riegel vorzuschieben. Sie können die Tränke gelegentlich mit einem Haushaltsessig, zum Beispiel Apfelessig, auswaschen. Essig wirkt antibakteriell.

In hiesigen Breitengraden gefriert das Wasser durchaus zur Winterzeit. Um den Tieren unnötigen Durst zu ersparen, leisten beheizte Kunststoffuntersetzer gute Dienste, wofür jedoch Strom benötigt wird. Der beheizbare Untersetzer wird unter die Tränke gestellt und mittels eines Kabels und Steckers angeschlossen.

Die tägliche Versorgung der Hühner

Hühner bedürfen Ihrer täglichen Pflege. Mit täglich wiederkehrenden Verrichtungen rund ums Huhn spielt sich ein harmonischer Alltag meist schnell ein. Ihre Hühner benötigen jeden Tag frisches Wasser und Futter, auch die Eier sollten alltäglich aus den Legenestern geholt werden. Falls ein Kotbrett vorhanden ist, kann dies noch saubergekehrt werden. Exemplarisch kann ein Tag mit Hühnern wie folgt aussehen:

- Am Morgen wappnen Sie sich mit einer Schüssel voll Hühnerfutter und begrüßen das liebe Federvieh, welches schon auf Sie und das Futter wartet. Geben Sie das Futter in den Futterspender und falls nötig, säubern Sie diesen zuvor. Füllen Sie frisches Wasser in die Stülptränke.

- Wann immer Sie sich bei Ihren Hühnern aufhalten, so beobachten Sie automatisch die Tiere und ihr Umfeld. Wirkt ein Huhn krank? Vermissen Sie ein Tier? Entdecken Sie auffällig viele Federn im Auslauf? Ist der Zaun defekt?

- Alles ist in bester Ordnung und Sie greifen zu Handfeger und Eimer und fegen das Kotbrett sauber. Schmeißen Sie die Hinterlassenschaften der letzten Nacht nicht auf den Boden des Stalls, sondern entfernen Sie die Exkremente der Tiere vollständig aus dem Stall. Hühnerkot kann als Dünger im Garten dienen, doch nur bedingt, da er sehr scharf ist. Falls Sie Hühnerdung in die Erde einarbeiten, so verwenden Sie ihn nicht bei Neupflanzungen.

- Im Garten entsorgter Hühnermist muss unzugänglich für andere Tiere sein. Je nach dem wie viele Hühner Sie halten, kann der Mist auch ein wenig riechen. Aus Rücksichtnahme sollte solch ein Misthaufen nicht direkt an Nachbars Zaun lagern. In reinen Wohngebieten empfiehlt es sich, den anfallenden Mist restlos zu entsorgen. So verhindern Sie Streit und haben mehr Spaß an Ihrem Hobby. Bei ein paar Hühnern hält sich der anfallende Kot in Grenzen und wächst Ihnen nicht über den Kopf.

- Im Laufe des Vormittags gehen die Hennen ihrem regulären Legegeschäft nach. Am Nachmittag gibt es erneut Futter für die Hühner, welche sich für die Nacht nochmal den Kropf vollschlagen. Gehen Sie nun zu den Nestboxen und entnehmen die Eier.

- Neben den täglichen Pflichten des Hühnerhalters gibt es noch weitere Arbeiten, wie das Reinigen des Hühnerstalls. Ob Sie nun jeden dritten Tag oder jeden siebten Tag den Stall komplett reinigen, hängt von Größe des Stalls und der Besatzdichte ab. Keinesfalls sollten Sie warten, bis Ihnen der Hühnerkot offensichtlich ins Auge fällt. Bisweilen schaffen es Hühner, neben Kotbrett und Boden die Sitzstangen zu beschmutzen. Entfernen Sie solchen Dreck zeitnah. Manch eine Henne legt in der Nestbox nicht nur ihr Ei, sondern auch einen Haufen, auch hier empfiehlt sich eine baldige Beseitigung. Spinnweben sind ebenfalls nicht selten im Hühnerstall vertreten, doch mit einem Handfeger oder Besen werden Sie diese schnell los.

- Zusätzlich zu Hühnern halten sich bisweilen Milben und andere Parasiten im Stall auf. Es gibt Mittel und Wege, solchen Außenschmarotzern den Garaus zumachen (siehe Kapitel Kieselgur). Auch dies sind anfallende Arbeiten rund ums Huhn und dienen der Prophylaxe und Bekämpfung von Außenschmarotzern.

- Regelmäßige gründliche Säuberung von Futter- und Wasserbehälter gehören zu einer verantwortungsvollen Hühnerhaltung dazu. Den Inhalt des Sandbads können Sie zusammen mit der Einstreu des Stalls erneuern beziehungsweise teilerneuern.

- Ab und an bedarf der Hühnerauslauf einer Reinigung. Die Exkremente der Hühner landen nicht nur im Stall und auch Regen spült nicht alle Hinterlassenschaften zuverlässig fort. Hier hilft nur ein Absammeln beziehungsweise Zusammenfegen des Hühnerkots. Daher ist genügend Auslauffläche für das Federvieh wichtig; der Boden wird weniger mit Kot belastet und der Infektionsdruck für das Huhn sinkt. Schauen Sie regelmäßig, ob der Zaun dicht ist oder Pflanzen ersetzt werden müssen.

Krankheiten und weitere Missstände

Das kranke Huhn

Trotz bester Pflege kann ein Huhn erkranken. Die Gründe für eine mögliche Erkrankung sind vielfältig. Bakterien, Viren, Pilze, Vergiftungen, Innen- und Außenparasiten, Legenot und Unfälle können für Krankheiten verantwortlich sein.

Ein krankes Huhn ist nicht immer als solches zu erkennen. Hühner sind Flucht- und Beutetiere. In der Regel wird ein offensichtlich erkranktes Huhn aus der Hühnerherde ausgeschlossen. Dies hat einen einfachen Grund. Falls ein Räuber auf das augenscheinlich geschwächte Tier aufmerksam würde, wäre die gesamte Hühnerschar in Gefahr. Daher maskieren Hühner ihre Erkrankung so lange wie möglich.

Ein sichtbar krankes Huhn ist nicht selten ernsthaft gesundheitlich angegriffen. Handeln ist gefragt, sobald Sie feststellen, dass ein Federknäuel allem Anschein nach nicht gesund ist. Zwischen ersten Symptomen und Tod liegt manchmal nur eine kurze Zeitspanne.

Es gibt allgemeine Krankheitsanzeichen wie Abgeschlagenheit, ein stumpfes, aufgeplustertes Federkleid, Verminderung bis Ausbleiben der Legetätigkeit, flüssiger Kot, Fieber, Sperren des Schnabels, vermehrtes Schlafbedürfnis (Kopf unterm Flügel am helllichten Tag), Ausschluss aus der Hühnerherde und unsicherer Gang.

Separieren Sie ein krankes Huhn, sobald Sie es gesichtet haben. Erste Maßnahmen sind nun, das Tier warm, zugfrei und in ruhiger Umgebung unterzubringen. Gehen Sie ruhig mit dem Huhn um und vermeiden Sie zusätzlichen Stress. Ihr gefiederter Patient benötigt Zugang zu frischem Wasser und auch etwas Futter sollte bereitstehen.

Ihr Huhn kann nur bei Identifizierung der Krankheit angemessen behandelt werden. Ziehen Sie im Zweifel immer eine sachkundige Person hinzu. Ein vogelkundiger Tierarzt kann benötigte Medikamente verschreiben und den Allgemeinzustand des Tieres einschätzen sowie die Erkrankung bestimmen und therapieren.

Leider kann es passieren, dass ein Huhn noch vor Behandlungsbeginn verstirbt. Sie haben die Möglichkeit, den Kadaver an speziell ausgewiesene Abteilungen von Tieruniversitäten zur Untersuchung einzuschicken beziehungsweise abzugeben. Im Regelfall bekommen Sie nach einigen Tagen einen Obduktionsbericht mit der Todesursache des Huhns zugesandt. Es kann durchaus Sinn machen, den Sterbegrund eines Huhns eindeutig klären zu lassen. So haben Sie die Möglichkeit, Ihre restlichen Hühner, falls möglich, zu schützen.

Bei Krankheitsverdacht ist Ihr Handeln gefragt. Spätestens jetzt wird sich so mancher Hühnerhalter zutrauliche Tiere wünschen. Um das Huhn genauer anschauen zu können, müssen Sie erst seiner habhaft werden. Ein Huhn, das den Menschen kennt und sich anfassen und hochheben lässt, ist weit weniger gestresst denn ein Tier, das mit Hühnerhaken, Kescher oder Sonstigem eingefangen werden muss.

Sollten Ihre Hühner nicht freiwillig zu Ihnen kommen, so versuchen Sie, die Prozedur des Einfangens so ruhig wie eben möglich zu gestalten. Wenngleich die meisten Hühnerhalter keine Veterinärmediziner sind, so sind es dennoch die Besitzer, welche ihre Tiere täglich sehen und Veränderungen zuerst bemerken.

Im Zweifel sollte immer ein sachkundiger Tierarzt hinzugezogen werden. Bisweilen sind auch Behandlungen notwendig, welche eines Veterinärmediziners bedürfen. Sobald Sie meinen, dass ein Huhn erkrankt sein könnte, fangen Sie es bitte behutsam ein, separieren es von der restlichen Hühnerschar und inspizieren es an einem ruhigen Ort. Zuerst versuchen Sie zu bewerten, wie der Allgemeinzustand des Tieres wirkt. Haben Sie den Eindruck, dass sich Ihr Huhn in einem insgesamt schlechten Gesundheitszustand befindet? Sehen Sie sich Ihr Huhn von Kopf bis Fuß genauer an. Reagiert die Pupille des Tieres auf Licht und zieht sich zusammen? Sind die Pupillen gleich groß? Welche Farbe hat die Iris des Huhns? Hat Ihr Huhn einen klaren oder eher einen trüben Blick? Sind die Nasenlöcher frei oder verklebt? Können Sie Atemgeräusche wahrnehmen und diese vielleicht sogar noch genauer beschreiben, wie rasselnder oder giemender Atem? Atmet Ihr Huhn schneller oder langsamer als gewöhnlich? Falls Sie in der Lage sind, den Schnabel Ihres Huhns ohne Kraft und Manipulation zu öffnen, so können Sie dies kurz tun. Kommt Ihnen ein fauliger Geruch entgegen? Ertasten Sie mit Ihren Händen das Brustbein. Bei einem spitz zu fühlenden Brustbein bezeichnet man den Ernährungszustand eines Huhns als mager. Ein kaum zu ertastendes Brustbein hingegen spricht für ein adipöses, sprich fettleibiges, Huhn. Jedoch kommt es bei der Beurteilung des Ernährungszustands auf die zu beurteilende Hühnerrasse an. Sogenannte Fleischhühner setzen besser am Brustbein Fleisch an als die meisten Legerassen und können nicht eins zu eins miteinander verglichen werden. Um einschätzen zu können, ob Ihr Huhn an Gewicht verloren hat oder nicht, bedarf es regelmäßiger Verlaufskontrollen. Nehmen Sie Ihre Tiere von Zeit zu Zeit hoch und schauen, wie gut sie im Futter stehen. Sollten Sie viel Freude an Aufzeichnungen haben und Ihre Hühner an eine Waage gewöhnen können, so spricht nichts gegen regelmäßiges Wiegen und Protokollieren.

Die reine Handkontrolle verschafft bereits einen soliden Gesamteindruck bei regelmäßiger Anwendung. Nicht nur der Ernährungszustand wird so im Auge behalten, sondern auch etwaige Krankheiten fallen leichter auf. Selbst bei gesund wirkenden Tieren schadet ein genauer Blick nicht und hilft bisweilen den einen oder anderen Außenparasiten zu enttarnen.

Sehen Sie auch unter die Flügel des Huhns, an dieser Stelle verstecken sich mitunter Parasiten. Wie würden Sie das Gefieder Ihres Tieres beschreiben? Ist es glänzend, struppig, ausgefranst wirkend oder aufgeplustert? Eventuell hat Ihr Huhn Federn verloren. Wenn ja, an welcher Stelle? Wie sieht die Kloakengegend des Huhns aus? Ist sie sauber oder verschmutzt? Die Beantwortung dieser Fragen kann dazu beitragen, die Krankheit des Huhns zu bestimmen. Des Weiteren sind Sie in der Lage, einem Tierarzt den Zustand Ihres Tieres detailliert zu beschreiben.

Absoluten Schutz vor dem Auftreten von Krankheiten gibt es nicht, doch beim Erkennen von Krankheiten liegt es am Hühnerhalter, zum Wohl des Huhns zu handeln.

Verschiedene Krankheiten

Was bedeutet Krankheit für Hühner? Krankheit ist die Abwesenheit von Gesundheit. Das Haushuhn befindet sich in menschlicher Obhut und ist auf die Pflege des Menschen angewiesen. Im Idealfall bleibt das Huhn gesund, da eine sorgsame Vorsorge den Ausbruch einer Krankheit verhindert, doch nicht alle Erkrankungen lassen sich präventiv bekämpfen.

Sie als Hühnerhalter sind es, der seine Hühnerschar jeden Tag umsorgt und so sind es auch Sie, dem Veränderungen zuerst auffallen. Sobald Sie den Verdacht auf eine Erkrankung hegen, liegt es in Ihrer Verantwortung, zu handeln und den Tieren zu helfen.

Schauen Sie sich Ihr Huhn genau an. Sollten Sie Zweifel haben, was Ihrem Huhn genau fehlt und was es braucht, so holen Sie sich fachkundige Hilfe. Es gibt erfahrenen Hühnerhalter, die Sie an ihrem Wissen teilhaben lassen und Sie unterstützen können. Falls erforderlich, zögern Sie nicht, einen vogelkundigen

Tierarzt zu kontaktieren. Im Folgenden werden einige Hühnerkrankheiten beschrieben. Ihre Nennung hat keinen Anspruch auf Vollständigkeit, sondern soll Ihnen einen Überblick geben.

Ornithose

Die Ornithose ist eine Chlamydien-Infektion bei Vögeln. Wenngleich sie bei Hühnern vorkommt, so spielt sie eher eine untergeordnete Rolle. Die Ornithose ist auch unter dem Namen Psittakose bekannt und leitet sich von dem griechischen Wort „psittakos" für „Papageien" ab. Wie mittlerweile bekannt ist, befällt die Psittakose nicht nur Papageienvögel, sondern auch Tauben, Truthähne sowie Hühner.

Der Begriff Ornithose hat sich als allgemeine Bezeichnung durchgesetzt, wenn der Fokus nicht auf Papageienvögel liegt. Das Bakterium *Chlamydophila psittaci* ist verantwortlich für die Ornithose und ist auch auf den Menschen übertragbar.

Krankheiten wie die Ornithose, welche vom Tier zum Menschen oder Menschen zum Tier übertragen werden können, heißen Zoonose. Die Symptome beim erkrankten Menschen ähneln einer Grippe. Schwere Verläufe sind selten. Die Ornithose des Menschen ist therapierbar.

An Ornithose erkrankte Hühner zeigen teilweise keine Symptome. Eine Behandlung erfolgt mit Antibiotika.

Salmonellose

Die Salmonellose ist eine bakterielle Erkrankung. Eine Übertragung auf den Menschen ist möglich. Salmonellose äußert sich in Erbrechen und Durchfall. Befallene Küken und Junghühner leiden an Symptomen wie Durchfall, vermehrtem Durst, Austrocknung und Fieber. Teils versterben erkrankte Küken und Jungtiere. Alttiere hingegen präsentieren sich relativ asymptomatisch. Blasse Kämme, Durchfall, übersteigerte Flüssigkeitsaufnahme und eine verminderte Legeleistung der Hennen sind eventuelle Hinweise auf Salmonellose.

Sowohl Eier als auch Fleisch können Überträger von Salmonellen sein. Effiziente Hygienemaßnahmen sind nötig, um einem Befall entgegenzuwirken. Der Erreger meidet saures Milieu, daher ist es ratsam, regelmäßig den Trinkwasserbehälter mit Essig auszuspülen. Neben einwandfreier Hygiene gibt es noch die Möglichkeit der Impfung, um eine Erkrankung der Hühner mit Salmonellen vorzubeugen. Diese Impfung ist in Deutschland für Privathalter nicht verpflichtend. Das Hauptaugenmerk in der Hobbyhaltung gilt der Prophylaxe. Daher sollen Hühner nicht außerhalb ihres Stalls gefüttert werden. So wird verhindert, dass Wildvögel, welche möglicherweise mit Salmonellen infiziert sein könnten, diese Bakterien durch gemeinsame Futteraufnahme an die Hühner weitergeben. Nicht nur Salmonellen können von Wildvögeln auf Hühner übertragen werden, sondern auch andere Erreger.

Mareksche Erkrankung

Die Mareksche Erkrankung wird auch Mareksche Lähmung genannt. Diese Viruserkrankung ist meldepflichtig und kann die Nervenbahnen, die Augen und/oder Organe des Huhns befallen. Die in aller Regel tödlich verlaufende Mareksche Lähmung äußert sich, wie am Namen bereits ersichtlich, vereinzelt in Lähmungserscheinungen. Oft verkrampfen die Zehen des befallenen Huhns und die Beine sind starr nach vorne oder hinten ausgerichtet. Hühner können gegen die Mareksche Erkrankung geimpft werden.

Die Mareksche Erkrankung ist nicht heilbar, daher empfiehlt sich die Impfung der Hühner im Kükenalter. Es gibt anscheinend eine Anlage einiger Hühnerrassen, vermehrt an dem Virus zu erkranken.

Kokzidiose

Die Kokzidiose, auch Rote Ruhr genannt, ist eine häufig anzutreffende Erkrankung bei Hühnern. Schmarotzer der Gattung *Eimeria* befallen beim Huhn einen Teil des Darms und sorgen vereinzelt für massive Durchfälle. Das erkrankte Federvieh hat eine verschmutzte Kloakengegend, oft vermehrten Durst und wirkt abgeschlagen. Je nach Alter der Hühner und des Kokzidienstamms gestaltet sich der Verlauf der Kokzidiose, der von leichtem Durchfall bis zum Tod variiert. Besonders gefährlich ist die sogenannte Rote

Kükenruhr, welcher der Erreger *Eimeria tenella* zugrunde liegt. Sie endet nicht selten tödlich für die Kleinsten.

Kokzidiose wird über Exkremente verbreitet und eine gute Hygiene ist unabdingbar, um ihre Ausbreitung zu verhindern. Es gibt Impfungen gegen Kokzidiose. Zudem sind sogenannte Kokzidiostatika erhältlich, welche vornehmlich in diversen Kükenaufzuchtfutter enthalten sind. Kokzidien lassen sich über eine Kotuntersuchung nachweisen. Bei mildem Befall kann Oregano zum Einsatz kommen, welcher als Futterbeimischung oder über das Trinkwasser verabreicht wird.

New Castle Disease

Die Newcastle Disease, oft nur ND genannt, ist auch als atypische Geflügelpest bekannt und eine meldepflichtige Viruserkrankung. Bei akutem Verlauf beträgt die Mortalitätsrate nahezu einhundert Prozent. Nach einer Inkubationszeit von vier bis sechs Tagen fallen an ND erkrankte Hühner mitunter durch folgende Symptome auf: Fieber, Durchfall, Abgeschlagenheit, Einstellen der Legeleistung, Atemnot und dunkle Verfärbung des Kamms.

Befallene Tiere müssen getötet werden. In Deutschland besteht eine Impfpflicht gegen die Newcastle-Disease-Krankheit.

Infektiöse Laryngotracheitis

Die Infektiöse Laryngotracheitis, kurz ILT, ist eine weltweit auftretende Viruserkrankung von Hühnervögeln. In Deutschland ist die ILT meldepflichtig. Für den Menschen stellt sich die Infektiöse Laryngotracheitis als ungefährlich dar. Das Wort „Laryngotracheitis" beinhaltet die griechische Bezeichnung „larynx", welche sich mit „Kehlkopf" übersetzen lässt sowie „trachea", welches „Luftröhre" bedeutet.

Bei der ILT sind die oberen Atemwege des Huhns betroffen und man unterscheidet einen akuten und subakuten Verlauf.

Schnupfen, Schnabelsperren, hörbare Atemgeräusche, Anschwellen des Gesichts, Aushusten von Blut und Schleim bis zum Erstickungstod kennzeichnen den akuten Verlauf der Infektiösen Laryngotracheitis. ILT kann durch einen Luftröhrenabstrich oder einen Antikörpernachweis bestätigt werden. Eine Impfung ist möglich.

Endoparasiten

Unter Endoparasiten versteht man Schmarotzer, welche ihren Wirt im Inneren befallen. Das griechische Wort „endos" heißt „innen" und „parasitos" ist gleichzusetzen mit „Schmarotzer". Zu den Innenschmarotzern von Hühnern gehören beispielsweise Würmer, doch auch die bereits erwähnten Kokzidien lassen sich zu den Endoparasiten rechnen.

Würmer

Es gibt eine Reihe von Würmern wie Rund- und Bandwürmer, welche sich parasitisch im Inneren des Huhns laben. Insbesondere im Darm halten sich einige Wurmarten auf und sorgen bei massivem Befall für Abmagerung, Durchfall und allgemeine Schwäche des Tiers. Meist sind Würmer mit bloßem Auge nicht in den Exkrementen zu erkennen. Da freilaufende Hühner zwangsläufig mit ihrem Kot in Berührung kommen, empfiehlt sich eine regelmäßige Entwurmung.

Es gibt Wurmmittel, welche über das Trinkwasser verabreicht werden oder aber über das Futter. Falls Sie nicht in regelmäßigen Abständen auf bloßen Verdacht entwurmen möchten, können Sie Sammelkot Ihrer Hühner an speziell ausgewiesene Abteilungen von tierärztlichen Universitäten und diverser Laboreinrichtungen schicken. Im Falle eines Befalls wird Ihnen ein entsprechendes Mittel gegen Wurmbefall empfohlen.

Beachten Sie immer beim Einsatz von Medikamenten die vorgeschriebene Wartezeit für den Verzehr von Eiern und gegebenenfalls Fleisch ab.

Ektoparasiten

In Abgrenzung zu Endoparasiten, den Innenschmarotzern, gibt es die sogenannten Ektoparasiten, welche auch als Außenschmarotzer bezeichnet werden. Häufig in der Hühnerhaltung anzutreffende Ektoparasiten sind Flöhe,

Federlinge und Zecken, welche zu den Insekten gehören, sowie Milben, die Spinnentiere sind.

Außenschmarotzer befinden sich auf der Außenfläche ihres Wirts und ernähren sich parasitisch von ihm. Ab einem gewissen Aufkommen rufen Ektoparasiten Hautirritationen, Juckreiz und allgemeines Unwohlsein hervor. Außenschmarotzer sind weit mehr als nur lästig für das Huhn. So können blutsaugende Milben zur Blutarmut des Huhns führen und insbesondere für Jung- und Alttiere zur tödlichen Bedrohung werden. Ektoparasiten sind mögliche Überträger von Bakterien und Viren. Überprüfen Sie Ihre Hühnerschar regelmäßig auf einen möglichen Befall von Außenschmarotzern und handeln Sie bei Bedarf. Teils vermehren sich Milben und und andere Außenparasiten rasant.

Das Auftreten von Ektoparasiten besagt nicht, dass mangelnde Hygiene in der Hühnerhaltung vorherrscht, auch Wildvögel und Neuzugänge spielen eine Rolle bei der Verbreitung von Außenparasiten.

Rote Vogelmilbe

Die Rote Vogelmilbe, welche den wissenschaftlichen Namen *Dermanyssus gallinae* trägt, gehört zu den Spinnentieren. Am Tage versteckt sich die Rote Vogelmilbe in Ritzen und Spalten des Hühnerstalls und bei Nacht sucht sie ihren Wirt, das Huhn, auf. Das Spinnentier ernährt sich vom Blut des Huhns und erscheint nach einer Blutmahlzeit in einem bräunlichen Farbton, hingegen zeigt sich die Rote Vogelmilbe in nüchternem Zustand in unauffälligem Grau. Da die Rote Vogelmilbe nur bei massivem Aufkommen für das menschliche Auge sichtbar ist, empfiehlt es sich, ihre Präsenz anderweitig zu sichern.

Bringen Sie Klebeband am unteren Rand der Sitzstangen an, so dass die kleinen Blutsauger auf ihrem nächtlichen Weg zum Huhn teilweise daran hängen bleiben. Das Verhalten der Hühner selbst kann auch einen Hinweis auf einen etwaigen Befall mit Dermanyssus gallinae geben. Suchen die Hühner am Abend den Stall so spät wie möglich auf? Scheinen die Tiere unter Juckreiz zu leiden? Hat die Legeleistung der Hennen nachgelassen? Bei positiven Antworten kann all dies auf das Vorhandensein der Roten Vogelmilbe hindeuten.

Nordische Vogelmilbe

Die Nordische Vogelmilbe mit der lateinischen Bezeichnung *Ornithonyssus sylviarum* ist weniger häufig in der Hühnerhaltung anzutreffen und bevorzugt kühlere Temperaturen als ihre Verwandte, die Rote Vogelmilbe. So wie die Cholera nicht vor der Pest schützt, so bedeutet ein Befall mit der Roten Vogelmilbe nicht, dass die Hühner nicht auch gleichzeitig an der Nordischen Vogelmilbe leiden könnten. Es gibt Fälle, in denen beide Milbenarten anwesend sind und aufgrund ihres unterschiedlich bevorzugten Temperaturspektrums vom zeitigen Frühjahr bis zum späten Herbst die Hühner plagen.

Der hiesige Winter ist auch der Nordischen Vogelmilbe zu kalt, als dass sich ein Befall zu dieser Jahreszeit äußern würde. Die Symptome des Huhns bei Befall durch Ornithonyssus sylviarum sind denen von Dermanyssus gallinae gleichzusetzen. Ein bedeutender Unterschied besteht darin, dass sich die Nordische Vogelmilbe konstant auf ihrem Wirt aufhält. Mitunter lässt sich diese bei stärkerem Vorkommen unter den Flügeln des Hühnerviehs entdecken.

Federmilbe

In der Hühnerhaltung sind Federmilben weit verbreitet. Mit Ausnahme des Pinguins lassen sie sich schätzungsweise bei jedem zweiten Vogel nachweisen, wobei ihr bloßes Aufkommen erst ab einem gewissen Ausmaß einen Krankheitswert darstellt.

Federmilben ernähren sich je nach Art von Federn, Hautschuppen oder dem Sekret der Bürzeldrüse. Da Federmilben sehr wirtsspezifisch leben, ist eine Übertragung von Wildvögeln auf Haushühner unwahrscheinlich. Massiver Befall zeigt sich durch vermehrtes Putzverhalten des Huhns sowie sichtbare Schäden am Gefieder, bei geringem Befall erfolgt der Nachweis mikroskopisch.

Federspulmilbe

Die Federspulmilbe ist eine Unterart der Federmilbe und legt ihre Eier im Inneren der Federspule ab. Um sie sicher nachweisen zu können, müssen die Federspulen aufgeschnitten werden. Federspulmilben führen teilweise zum Verlust der betroffenen Federn.

Hautmilbe

Die Hautmilbe bei Hühnern wird nur durch direkten Kontakt von Huhn zu Huhn übertragen. Ihr Nachweis erfolgt mikroskopisch. Meist zeigen befallenen Hühner Juckreiz und Schuppenbildung mit gelegentlichem Federverlust.

Kalkbeinmilbe

Kalkbeinmilben, auch Grabmilben genannt, verursachen grau gefärbte Wucherungen an den Läufen der Hühner, bekannt unter dem Namen Kalkbeinräude. Grabmilben lassen sich nur mikroskopisch mit Hilfe einer Hautprobe nachweisen, doch die Milbenart ist aufgrund der markant aussehenden Kalkbeinräude mittels Blick gut zuzuordnen. Grabmilben können durch Wildvögel übertragen werden. Ein Befall zeigt sich meist nur bei vereinzelten Tieren. Um die Kalkbeinmilben zu eliminieren, können die Läufe des betroffenen Huhns mit einem flüssigen Fett bestrichen werden, so dass die Milben ersticken.

Hühnerfloh

Neben Hund, Katze und Mensch wird auch das Huhn von ihm geplagt, dem Floh. Wenngleich der Mensch nicht der eigentliche Wirt des Menschen ist, so wird der ein oder andere Hühnerhalter schon mal beim Betreten des Hühnerstalls von ihm gebissen, bevorzugt im Bereich der Fesseln oder Waden. Falls Sie solche Bisse an sich selbst bemerken, so dürfen Sie den Hühnerfloh als ungebetenen Gast im Stall vermuten.

Das kleine Insekt lebt vom Blut der Hühner und kann auch ohne Wirt wochenlang in der Umgebung überleben. Zum guten Gedeihen bevorzugt der Hühnerfloh ein feucht-warmes Zuhause und einmal heimisch geworden, vermehrt er sich schnell und zuverlässig. Vom Hühnerfloh belästigtes Federvieh wirkt oft unruhig, zeigt Juckreiz und kann bei aggressivem Befall an Schwäche durch vermehrten Blutverlust leiden.

Federlinge

Federlinge sind zu den Insekten zählende Ektoparasiten, die aufgrund ihrer Größe von bis zu sechs Millimeter bereits mit bloßem Auge zu erkennen sind. Federlinge ernähren sich von Federstaub und legen ihre, ebenfalls sichtbaren, Eier als kleine Päckchen unterseitig an den Federn oder Federkielen ab. Diese Außenschmarotzer bewirken eine Unruhe und ein gesteigertes Putzverhalten beim Huhn, dessen Gefieder gemeinhin glanzlos und stumpf erscheint.

Zecken

Hühner können sowohl von Lederzecken als auch von Schildzecken befallen werden. Die blutsaugenden Außenschmarotzer sind teils Überträger von Bakterien und Viren.

Der hauptsächliche Unterschied zwischen den beiden Zeckenarten ist, dass Lederzecken ihren Wirt nachts zum Blutsaugen aufsuchen, während sich Schildzecken kontinuierlich an ihrem Wirt gütlich halten. Der Zeckenbefall muss sehr ausgeprägt sein, damit eine Blutarmut eintritt, doch lösen Zeckenbisse Juckreiz aus und entzündete Bisse schmerzen das Tier.

Fehlbildungen

Perosis

Perosis wird auch Spreizbeinchen genannt und ist insbesondere bei Küken anzutreffen. Sowohl angeborene als auch erworbene Ursachen sind für die ein- oder gar zweiseitig auftretenden Spreizbeine verantwortlich.

Teils zeigen schon Eintagsküken diese Skelettdeformation oder entwickeln sie innerhalb der ersten Lebenswochen. Zu rasches Wachstum im Kükenalter und zu wenig Bewegungsmöglichkeit der Kleinsten sind Mitgrund für die Entstehung der Perosis. Das betroffene Huhn spreizt das verformte Bein unterhalb des Sprunggelenks ab, welches verdreht erscheint. Ein Aufsetzen des Beins ist nicht möglich. Je nach Schweregrad des Spreizbeins kann das Huhn nur noch liegen.

Kreuzschnabel

Ein Kreuzschnabel tritt oft während der Embryonalentwicklung des Huhns auf, kann aber auch erworben sein. In aller Regel ragt der Oberschnabel zur Seite und in schweren Fällen kann das Huhn keine Nahrung aufnehmen. Bisweilen kann ein Tierarzt Abhilfe schaffen und den Schnabel korrigieren. Bei Küken wächst sich die Schnabeldeformation manchmal aus.

Hydrocephalus

Ein Hydrocephalus wird landläufig auch Wasserkopf genannt. Ein Hydrocephalus entwickelt sich in einem frühen Embryonalstadium. Je nach Schweregrad der Erkrankung zeigt das Huhn neurologische Ausfälle. Die Lebensspanne solcher Tiere ist oft sehr kurz.

Fraktur

Eine Fraktur ist ein Knochenbruch und wird beim Huhn vermehrt durch eine stumpfe Verletzung ausgelöst. In diesem Zusammenhang seien Flügelbrüche erwähnt, welche teils durch einen hängenden Flügel auffallen und von einem Veterinärmediziner versorgt werden können. Eine Fraktur des Beins durch eine starke Krafteinwirkung zeigt sich meist durch das Anziehen des betroffenen Laufs und Humpeln des Huhns sowie häufiges Niederlegen. In diesem Fall kann ein Tierarzt den Bruch sachgerecht versorgen.

Kontusion

Eine Kontusion ist eine Prellung. Die Ursachen sind wie bei der Fraktur beschrieben, die jedoch in keinem Knochenbruch resultieren. Wenngleich keine Fraktur vorliegt, können äußere Anzeichen wie beispielsweise eine schmerzbedingte Schonhaltung ähnlich sein.

Schock

Im Allgemeinen bezeichnet man mit Schock ein klinisches Syndrom, bei dem eine Sauerstoffunterversorgung des Gewebes vorliegt.

Meist wird beim Huhn von Schock gesprochen, wenn das Tier mit einer von ihm lebensbedrohlich empfundenen Situation konfrontiert wurde. Dies kann beispielsweise eine Begegnung mit Hund, Katze oder Greifvogel sein. Unter Schock stehende Hühner haben eng anliegendes Gefieder und zeigen keinen Fluchtreflex mehr. Im Gegenteil, sie wirken wie erstarrt. Wenn möglich, ist in solch einem Fall die Ursache des Schocks sofort zu entfernen. Falls ein Hahn seine Hennen beschützt und nicht selbst Opfer des Schocks wurde, so beruhigt er meist seine Anvertrauten. Seine bloße Präsenz lässt so manche Henne ruhiger werden. Wenn das unter Schock stehende Huhn mitten in der heißen Sonne stehen sollte, so muss es behutsam und zügig in den Schatten gebracht werden, damit es keinen Hitzschlag erleidet. Unter Schock stehende Hühner sind quasi zur Salzsäule erstarrt und bewegen sich keinen Millimeter. Meist beruhigen sich Hühner innerhalb weniger Minuten.

Vergiftung

Vergiftungen bei Hühnern äußern sich durch Erbrechen, Würgen, Abgeschlagenheit, taumelnden Gang bis hin zum Niederfallen. Ein Huhn mit Vergiftungssymptomen bedarf sofortiger tierärztlicher Behandlung. Verendete Tiere können obduziert werden, um das Gift zu identifizieren. Mögliche Ursachen sind das Fressen von mit Schimmelpilzen verunreinigtem Futter, das Vertilgen von Nachtschattengewächsen oder ein Befall des Roggens mit Mutterkorn. Weiterhin bergen diverse Pflanzen, Desinfektionsmittel und Insektizide ein Vergiftungspotenzial.

Legenot

Legenot kann für eine Henne zur Lebensbedrohung werden. Eine Henne leidet an Legenot, wenn sie ein in sich befindliches Ei nicht aus ihrem Inneren befördern kann. Das Ei steckt im Legedarm oder auch der Kloake fest. Die Tiere befinden sich dann oft in typischer Pinguinstellung. Sollte dieser Zustand nicht erkannt und behoben werden, geht die Henne daran zugrunde. Oft lässt sich das Ei bereits von außen ertasten. Wärmezufuhr und eine leichte Massage mögen bereits Erfolg bringen. Einige versierte Halter schwören auf einen Einlauf mit Rizinus- oder Olivenöl, um das Ei zum Hinausgleiten zu bewegen. Andere Hühnerbesitzer bevorzugen die Methode des vorsichtigen Zerstoßens des Eies im Inneren des Körpers. Diese Behandlung muss korrekt durchgeführt werden und kann das Tier unter Umständen ernsthaft verletzen. Holen sie sich im Zweifel fachkundige Hilfe.

Quarantäne

Bei der Quarantäne in der Hühnerhaltung werden Hühner vom restlichen Bestand der Herde isoliert, um eine Ausbreitung von Krankheiten zu verhindern. Grundsätzlich unterscheidet man die prophylaktische Quarantäne, die bei Neuzugängen angewandt wird und die Quarantäne bei offensichtlich erkrankten Hühnern. Über die angemessene Dauer der Quarantäne wird kontrovers diskutiert. Das Substantiv „Quarantäne" lässt sich vom italienischen Begriff „quarantina di giorni" ableiten und bedeutet „vierzig Tage". Das Einhalten einer Quarantäne ist sinnvoll, um den Altbestand vor möglichen Seuchen zu schützen. Längst nicht jede Erkrankung ist einem Huhn direkt anzusehen und ein scheinbar gesundes Huhn kann dennoch krank sein.

Innerhalb der Hühnerherde erkrankte Tiere müssen in Quarantäne genommen werden.

Um sowohl das betroffene Tier sachgerecht zu behandeln, als auch die restlichen Hühner im besten Fall vor dem Ausbruch einer Krankheit zu schützen, muss das Gesundheitsproblem eindeutig festgestellt werden. Hühnerhalter werden im Laufe der Jahre immer wieder mit Hühnern konfrontiert, welche der Quarantäne bedürfen. Sei es, weil es sich um Neuzugänge oder kranke Tiere handelt. Für solche Fälle eignen sich, je nach unterzubringender Anzahl an Hühnern, mobile Hühnerställe.

Tretakt

Sussex-Hahn "William" mit zwei Hennen im Schatten des Holunders.

Methoden zur Prophylaxe und Bekämpfung von Parasiten im Hühnerstall

Reinigung des Stalls

Das Reinigen des Stalls gehört zur regelmäßigen Routine. Je nach gehaltener Hühneranzahl und Fläche muss gemistet werden, doch keineswegs erst dann, wenn mehr Kot als Einstreu im Hühnerstall zu sehen ist. Beim Vorhandensein eines Kotbretts empfiehlt sich die tägliche Reinigung des Bretts. Sollten Sie kein Kotbrett im Stall angebracht haben, so entfernen Sie den Kot, der sich über Nacht unter den Hühnerstangen angehäuft hat. So haben Sie bereits einen großen Teil der Exkremente weggeschafft.

Ein kompletter Austausch der Einstreu sollte nicht nur zum Wechsel der Jahreszeiten erfolgen und auch das kontinuierliche Überstreuen, welches zur sogenannten Matratzenbildung führt, beherbergt so manchen ungebetenen Gast. Neben dem kompletten Auswechseln von Spänen, Stroh oder anderem Bodengrund, gehört das Entfernen von Spinnweben zu den Pflichten des Hühnerhalters. Bewährt hat sich hiefür der Gebrauch eines Besens. Tragen Sie zu Ihrem eigenen Schutz eine Staubmaske, öffnen die Tür des Stalls und stauben regelmäßig sämtliche Einrichtungen wie Legenester ab. Ein Stall sollte zum Wohle Ihrer Hühner so wenig wie möglich Staub beinhalten. Aus diesem Grund sollte bei der Verwendung von Sägespänen darauf geachtet werden, dass diese nicht zu mehlig sind.

Jeder Bodengrund hat Vor- und Nachteile. Es gibt Befürworter für so ziemlich jede Stalleinstreu, möglich ist auch eine Kombination, wie das Einstreuen mit Sägespänen und zusätzlicher Gabe von etwas Stroh, welches auch in die Legenester gegeben werden kann. Manchmal geben Tischlereien anfallende Sägespänen kostenfrei an Selbstabholer ab. Hier ist darauf zu achten, dass sie frei von jeglichen giftigen Rückständen sind und nicht zu sehr stauben. Erst wenn Sie von der einwandfreien Qualität einer Einstreu überzeugt sind, sollten Sie sie in den Hühnerstall geben.

Kalken des Hühnerstalls

Zum Kalken des Hühnerstalls wird das Mineral der Oxide und Hydroxide *Portlandit* verwendet, welches den chemischen Namen *Calciumhydroxid* trägt und als gelöschter Kalk bekannt ist. Gelöschter Kalk entsteht unter starker Hitzebildung beim Versetzen von Calciumoxid mit Wasser.

Eine Möglichkeit, Ektoparasiten den Einzug in den Hühnerstall zu verwehren, ist das Kalken mit gelöschtem Kalk. Dies kann ein bis zweimal jährlich vorgenommen werden. Kalk wird auf die Innenwände des Stalls ausgebracht und wirkt antibakteriell. Die Konsistenz des Kalks soll beim Auftragen wie relativ flüssiger Putz sein und kann in mehreren Lagen aufgebracht werden. Wichtig ist, dass jede Schicht abtrocknet, bevor die neue aufgelegt wird.

Bleibt die Frage, ob bereits gelöschten oder ungelöschten Kalk kaufen. Schauen Sie, welchen Kalk Sie bei sich vor Ort erwerben können. Ungelöschter Kalk wird vor der Verwendung mit Wasser gelöscht. Erst wird Wasser in einen großen Eier oder Bottich gefüllt und darauf vorsichtig der Kalk gegeben und eingerührt. Nun muss die Mischung zumeist einige Stunden stehen. Tragen Sie bei der Herstellung von gelöschtem Kalk als auch beim Ausbringen auf die Stallwände unbedingt die erforderliche Schutzkleidung! Sie benötigen eine Schutzbrille, eine Atemschutzmaske und langärmlige Kleidung. Bewährt hat sich das Tragen eines Schutzanzugs.

Gelöschter und ungelöschter Kalk sind reizend und ätzend. Bei der Herstellung von gelöschtem Kalk besteht aufgrund der Hitzeentwicklung bei unsachgemäßer Anwendung Brandgefahr. Selbstredend ist, dass die Hühnerschar während des Kalkens und Austrocknens des Calciumhydroxids nicht im Hühnerstall sein darf.

Einsatz von Kieselgur

Die Rote Vogelmilbe ist keine Unbekannte in der Hühnerhaltung. In der Nacht gelangt der Außenschmarotzer auf das Huhn und saugt dessen Blut. Die winzigen Spinnentiere halten sich tagsüber in Spalten und Winkeln des Stalls versteckt.

Ein Mittel zur Bekämpfung und Vorbeugung von Milben und weiteren Ektoparasiten ist Kieselgur. Das feine, weiße Pulver besteht hauptsächlich aus Kieselalgenschalen und fossilen Kieselalgen und wirkt physikalisch. Durch seine staubartige Beschaffenheit vermag Kieselgur in jeden noch so kleinen Hohlraum vorzudringen. Milben, welche mit dem Pulver in Kontakt kommen, werden bewegungsunfähig gemacht. Das Pulver ist von sehr kleiner, scharfkantiger Beschaffenheit und schürft die Milbenkörper auf, welche daraufhin eintrocknen. Beim Ausbringen von Kieselgur muss unbedingt eine Atemschutzmaske getragen werden, damit sein Einsatz risikofrei ist, denn das feine Pulver ist lungengängig.

Sperren Sie die Hühner aus dem Stall, wenn Sie diesen Einstäuben. Sobald sich der Staub einmal gesetzt hat, ist das Betreten des Hühnerstalls wieder ohne Atemschutzmaske gefahrlos möglich und auch Ihre Hühnerschar darf wieder ihr Heim betreten.

Kieselgur gibt es von diversen Herstellern zu kaufen, zum Teil bereits in Zerstäuberflaschen. Sie können das Pulver auch in Beuteln erwerben und in leere, ausgewaschene Ketchupflaschen füllen, welche sich als Dosierflasche eignen. Leere Babypuderdosen sind ebenfalls zum Ausbringen des Pulvers geeignet.

Um Ektoparasiten aus dem Hühnerstall erfolgreich zu verbannen, muss jede Ritze des Stalls mit dem Pulver benetzt werden. Denken Sie daran, etwas Kieselgur in die Legenester zu geben.

Wie oft Sie die ganze Prozedur wiederholen, liegt mitunter daran, ob ein akuter Milbenbefall vorliegt oder ob Sie den Spinnentieren vorbeugen. Bei rein prophylaktischer Anwendung reicht meist ein vierwöchiger Rhythmus. Anders schaut es aus, wenn sich Milben bereits im Hühnerstall breitgemacht haben. Es empfiehlt sich, Kieselgur in einem siebentägigen Zyklus auszubringen. Die Rote Vogelmilbe und andere Ektoparasiten sind meist nicht bei einmaliger Anwendung vollständig aus dem Stall entfernt, so dass das Pulver nicht selten dreimal in kurzer Folge ausgebracht werden muss.

Falls Sie wissen möchten, ob Ihr Stall die Rote Vogelmilbe beherbergt, so können Sie den Test mittels Klebestreifen unter den Sitzstangen anwenden. Zumindest ein Teil der Milben sollte bei seiner nächtlichen Wanderung zum Blutsaugen hängenbleiben. Das Verhalten Ihrer Tiere liefert weitere Hinweise auf einen Befall. Hühner gehen bei vermehrtem Milbenbefall meist ungern in den Hühnerstall und schieben die Rückkehr zur Nacht so lange wie möglich auf. Vermehrtes Kratzen, Unruhe und verminderte Legeleistung sind weiterere Anhaltspunkte, welche auf die blutsaugenden Spinnentiere hindeuten.

Nicht nur der Stall selbst sollte mit Kieselgur behandelt werden, sondern auch das Staubbad. Es macht nicht nur Sinn ein Staubbad zu überdachen, damit Hühner täglich im Trockenen baden können, denn ein Schlammbad bei Regen nehmen sie nicht an, sondern auch, um dort

Kieselgur zu verteilen. Kieselgur kann nur im Trockenen wirken, daher ist ein überdachtes Staubbad für dessen effektiven Einsatz zweckdienlich.

Der beliebte Badeort ist zugleich ein Hotspot für Milben, doch mit etwas fossilem Pulver versetzt, nutzen die Hühner den Treffpunkt, um Milben erfolgreich zu verabschieden. Im Staubbad pudert sich das Huhn selbst ein und sorgt dafür, dass der feine Staub das ganze Federkleid erfasst. Das Ritual des Staubbadens gehört zur natürlichen Gefiederpflege und fördert das Wohlbefinden des Tiers.

Teilweise sind Hühner bereits stark von Milben geplagt und ein alleiniges Ausbringen von Kieselgur in der Umgebung des Huhns ist nicht ausreichend, um schnell Besserung zu bringen. Die Nordische Vogelmilbe zum Beispiel bleibt permanent auf dem Huhn und eine ausschließliche Anwendung von Kieselgur im Stall würde keine Abhilfe bringen. Der direkte Einsatz des Pulvers am Tier ist gefragt. Tragen Sie eine Atemschutzmaske und haben Sie ein Tuch bei sich. Nun nehmen Sie sich das Huhn vor. Versuchen Sie, ruhig dabei zu bleiben, damit das Tier keine Panik bekommt. Schützen Sie den Kopfbereich des Tieres und verhindern, dass es Kieselgur einatmen könnte, indem sie seinen Kopf behutsam mit einem Tuch abdecken. Nun gehen Sie bestimmt vor, denn eine lange Prozedur stresst das Tier unnötig. Stäuben Sie das Gefieder des Huhns mit dem Pulver ein und pudern Sie es auch unter den Flügeln, da sich an dieser Stelle besonders gerne Ektoparasiten aufhalten.

Gesetzliche Regelungen

Tierseuchenkasse

In Deutschland ist es gesetzlich vorgeschrieben, dass Hühner bei der Tierseuchenkasse gemeldet werden. Dabei handelt es sich nicht um eine reine Empfehlung. Unter anderem entschädigt die Tierseuchenkasse im Falle einer Keulungsaktion und bietet Hilfe zur Prävention von Tierseuchen an. Die Tierseuchenkasse erhebt in einigen Bundesländern einen geringfügigen Betrag, welcher pro Huhn zu entrichten ist. Die Meldung Ihrer Hühner können Sie zumeist online vornehmen.

Veterinäramt

Hühner müssen in Deutschland dem Veterinäramt gemeldet werden. Neben Hühnern gilt die gesetzliche Regelung auch für Schweine, Rinder, Schafe, Ziegen, sämtliche Einhufer wie Pferd und Esel sowie Enten, Gänse, Fasanc, Perlhühner, Rebhühner, Wachteln, Truthühner, Tauben und Laufvögel.

Das Veterinäramt benötigt den Namen und die Adresse des Tierhalters, die Benennung der Tierart, die Anzahl der gehaltenen Tiere im Jahresdurchschnitt sowie deren Verwendung. Sollte beispielsweise aufgrund einer Seuche ein Gebiet zum Sperrbezirk erklärt werden, so ist das zuständige Veterinäramt über die dort ansässigen Tierbestände informiert und entscheidet im Bedarfsfall über weitere Maßnahmen. Jegliche Änderungen des

Tierbestands, sei es in Anzahl oder Tierart, sind dem Veterinäramt zeitnah mitzuteilen.

Impfpflicht

In Deutschland besteht eine Impfpflicht für Hühner gegen die Newcastle Disease, auch bekannt unter dem Namen atypische Geflügelpest. In Österreich ist das Impfen gegen ND freiwillig. In der Schweiz ist der EU-Impfstoff gegen die Newcastle Disease nicht zugelassen.

Regulär wird der Impfstoff gegen die atypische Geflügelpest über das Trinkwasser gegeben. Nach einer Grundimmunisierung der Hühner im Kükenalter wird in aller Regel in dreimonatigem Abstand geimpft.

Der Impfstoff gegen ND lässt sich von einem auf Geflügel spezialisierten Tierarzt beziehen. Ein Wermutstropfen ist jedoch, dass die abzugebende Menge des Impfstoffes meist für gut tausend Hühner ausreicht und sich nicht lange lagern lässt. Der zu entrichtende Betrag dafür dürfte gerade im zweistelligen Euro-Bereich liegen. Sollten Sie Mitglied eines Gefügelzuchtvereins sein, so beziehen Sie alle notwendigen Impfstoffe von dem jeweils zuständigen Veterinärmediziner.

Zusätzlich zur atypischen Geflügelpest gibt es eine Reihe weiterer Impfungen, welche jedoch nicht gesetzlich verpflichtend sind. So können Hühner gegen die Mareksche Krankheit geimpft werden, welche besonders für Küken tödlich verlaufen kann. Ein Impfplan sollte immer an den jeweiligen Bestand angepasst sein und ein auf Geflügel spezialisierter Tierarzt kann Ihnen beratend zur Seite stehen.

Aufstallungsgebot

Das Aufstallungsgebot ist gemeinhin auch unter dem Namen Stallpflicht bekannt. Dabei handelt es sich um eine behördliche Anordnung, die besagt, dass alle sonst unter freiem Himmel lebenden Nutztiere in einen Stall gesperrt werden müssen. Dies kann bei Ausbruch von Tierseuchen der Fall sein, um eine weitere Ausbreitung von Wildtieren auf Nutztiere zu verhindern. So wurde auch 2016/2017 beim Auftreten der Geflügelpest ein Aufstallungsgebot für Teile Deutschlands und schließlich ganz Österreich verhängt. Der Influenza-A-Virus H5N8 grassierte über Monate, so dass sämtliche Hühner nicht mehr nach draußen durften.

Beim Aufstallungsgebot wird konsequent gefordert, dass jeglicher Kontakt zwischen Wildtieren und Nutztieren nicht mehr möglich ist. Die bei Stallpflicht verwendete Räumlichkeit muss vollständig zu überdachen sein. Ein Kontakt zu Wildvögeln oder deren Kot darf unter keinen Umständen erfolgen.

Ein Nachfragen bei der zuständigen Behörde zu erforderlichen Auflagen hinsichtlich der Stallpflicht lässt Sie auf Nummer sicher gehen. Für den Privathalter ist das Aufstallungsgebot durchaus wichtig, da unter Umständen seine Tiere über viele Wochen nicht frei laufen dürfen. Um den Hühnern dennoch ausreichend Platz und Bewegung am Tag zu verschaffen, lohnt es sich, für den

Ernstfall vorzusorgen. Ein Auslauf, welcher sich schnell in eine der Stallpflicht entsprechenden Räumlichkeit umwandeln lässt, ist nicht nur eine beruhigende Baumaßnahme, sondern erhöht im Bedarfsfall auch die Lebensqualität der Hühner erheblich.

Anzeigepflichtige Tierseuchen

Tierseuchen von Wild- und Haustieren sind in Deutschland anzeigepflichtig. Bereits der Verdacht einer Erkrankung zwingt zur Anzeige, so dass amtliche Maßnahmen zur Seuchenbekämpfung frühzeitig eingeleitet werden können und eine Verbreitung nach Möglichkeit verhindern.

Das Bundesministerium für Ernährung und Landwirtschaft ist befugt, mittels Rechtsverordnungen anzeigepflichtige Tierseuchen zu benennen. Die einzelnen Tierseuchen werden in der *Verordnung über anzeigepflichtige Tierseuchen*, kurz *TierSeuchAnzV*, näher bezeichnet. Innerhalb der Europäischen Union sind die Bekämpfungsmaßnahmen der wichtigsten Tierseuchen geregelt, wobei die Erfüllung und Ausführung dem jeweiligen EU-Mitgliedsstaat obliegt.

Die Liste der anzeigepflichtigen Tierseuchen enthält für Vögel und somit auch Hühner zur Zeit der Veröffentlichung dieses Buchs folgende Erkrankungen:

- Geflügelpest, Erreger: Aviäres Influenzavirus
- West-Nil-Vorzus-Infektion, Erreger: West-Nil-Virus
- Newcastle-Krankheit, Erreger: Newcastle-Disease-Virus
- Niedrigpathogene Influenza, Erreger: Aviäres Influenzavirus

Meldepflichtige Tierseuchen

Zur Abgrenzung seien die meldepflichtigen Tiererkrankungen in Deutschland erwähnt, welche im Gegensatz zu anzeigepflichtigen Tierkrankheiten keine amtlichen Maßnahmen mit sich bringen, sondern statistischen Zwecken dienen.

Meldepflichtige Erkrankungen sind Infektionserkrankungen von Haustieren und Süßwasserfischen, für welche eine Meldepflicht besteht. Dabei handelt es sich um Erkrankungen, die an Bedeutung gewinnen könnten und welche relativ einfach zu diagnostizieren sind.

Das Bundesministerium für Ernährung und Landwirtschaft stellt die Bundesoberbehörde zur Meldepflicht dar. Der genaue Status der jeweiligen Erkrankungen ist von Belang, da auch internationale Berichterstattung über die Verbreitung der Erkrankungen erfolgt.

Dabei wird die Weltgesundheitsorganisation, das Internationale Tierseuchenamt, die Ernährungs- und Landwirtschaftsorganisation der Vereinten Nationen und die Europäische Gemeinschaft in Kenntnis gesetzt.

Zu den meldepflichtigen Erkrankungen von Hühnern gehören (Stand Juli 2018):

- Gumboro-Krankheit, Erreger: infectiosus bursal disease virus
- Infektiöse Laryngotracheitis des Geflügels, Erreger: Hühner-Herpesvirus 1
- Mareksche Krankheit, Erreger: Hühner-Herpesvirus
- Vogelpocken, Erreger: Avipoxvirus ssp

Spezielle Fragen und Antworten

Wie vergesellschaftet man Hühner?

Es gibt verschiedene Methoden der Vergesellschaftung, welche mehr oder minder zum Erfolg führen. Bevor Sie neue Hühner zu Ihrer bestehenden Hühnerschar lassen, sollten die Tiere in Quarantäne gewesen sein.

Erfahrungsgemäß lassen sich Hühner erfolgreich bei einbrechender Nacht vergesellschaften. Bei herannahender Dunkelheit baumen die Tiere auf den Sitzstangen auf und verhalten sich ruhig während der Schlafenszeit.

Geben Sie die zu vergesellschaftenden Hühnern bei Anbruch der Nacht zu den übrigen Hühnern mit auf die Stange. Da Hühner sich bei Abwesenheit von Licht nicht groß bewegen, ist für die nächsten Stunden keine Zeit für Querelen. Bei einigen Hühnern reicht eine gemeinsame Nacht im Stall bereits aus, um nicht mehr als Eindringling angesehen zu werden. Das ist allerdings sehr unterschiedlich und differiert von Tier zu Tier. Mitunter benötigen Sie ein wenig Geduld und die Vergesellschaftung dauert ein paar Tage.

Geben Sie nach Möglichkeit mehr als ein neues Huhn dazu. So wird der Neuzugang nicht über Gebühr gejagt, da sich etwaige Verfolgungen nicht nur auf ein Tier konzentrieren und der Neuankömmling hat schon jemanden an seiner Seite.

Letztendlich liegt es an Ihrer persönlichen Einschätzung, ob das Vergesellschaften in den richtigen

Bahnen verläuft. Je mehr Auslauf Ihre Tiere tagsüber zur Verfügung haben, desto stressfreier ist die Eingewöhnung für Ihre neuen Federknäule.

Es ist nicht ungewöhnlich, dass die Neuen gejagt werden, schließlich haben Hühner eine Hackordnung und da stehen die zuletzt angekommenen Hühner erstmal ganz unten, ebenso wie kranke und sehr junge Tiere. Greifen Sie nicht vorschnell ein, doch beobachten Sie das Geschehen. Sie können den Neuzugängen eine zweite Schale mit Futter in den Stall stellen und eventuell auch Wasser. Neue Hühner versuchen sich, meist so schnell wie möglich, in eine bestehende Gruppe zu integrieren und suchen instinktsicher Futter und Wasser auf.

Sollten die neuen Tiere jedoch ernsthaft verletzt werden, müssen Sie sofort eingreifen. Blut sollte nicht vergossen werden und gehört glücklicherweise auch nicht zum Alltag beim Vergesellschaften.

Führen Sie Hühner zusammen, wenn Sie etwas Zeit haben, zum Beispiel am Wochenende. Falls Ihre Hühner gar zu streitlustig sind, müssen Sie die Zusammenführung der Hühnerherde anders gestalten. Trennen Sie einen Teil des Auslaufs ab und lassen dort die neuen Federviecher am Tage herumlaufen. Nun können sich die Tiere bereits sehen und hören und so aneinander gewöhnen.

Muss der Stall im Winter beheizt werden?

Ein Hühnerstall sollte auf jeden Fall zugfrei und trocken sein. Andauernde Minusgrade machen so manchem Huhn zu schaffen und können dazu führen, dass Kopfanhängsel wie Kamm und Kehllappen erfrieren. Je größer die Kopfanhängsel des Huhns sind, desto höher ist die Gefahr von Erfrierungen. Bei länger anhaltendem, starkem Frost kann ein Dunkelstrahler zum Beheizen des Stalls verwendet werden. Falls Sie solch eine Heizquelle benutzen, benötigen Sie unbedingt einen Schutzkorb, da direkter Kontakt mit dem Strahler schwerste Verbrennungen verursacht. Die in der Hühnerhaltung verwendeten Dunkelstrahler werden elektrisch betrieben und sehen aus wie eine Glühbirne. Sie erzeugen kein Licht, arbeiten förmlich dunkel und erzeugen Wärme. Sie sind geräuschlos und in der Anschaffung relativ erschwinglich. Beim Beheizen des Stalls ist immer für die Sicherheit des Tiers zu sorgen, achten Sie zudem auf guten Brandschutz.

Temperaturen um den Gefrierpunkt und strahlender Sonnenschein ohne Wind lockt einige Hühner ins Freie. Solange Ihre Tiere nicht im Schnee versinken, dürfen sie hinaus.

Bei einem beheizten Stall ist es wichtig, dass nur in Maßen geheizt wird und der Unterschied zwischen Außen- und Innentemperatur nicht zu hoch ist. Winterliche Freigänger neigen weniger zu Erkältungen, wenn Sie nicht in einen stark beheizten Stall zurückkehren. Der Fokus beim Beheizen des Stalls sollte darauf liegen, Minusgrade zu verhindern und nicht, die Temperaturen in den zweistelligen Plusbereich zu katapultieren.

Brauchen Hühner künstliches Licht?

Licht spielt für Hühner eine große Rolle. Die Tage werden kürzer und mit einsetzender Mauser stellt die Henne naturgemäß das Legen ein. Blasse, zusammengeschrumpfte Kehllappen und ein zerzaust anmutendes Gefieder lassen die Hühner oft erbärmlich aussehen. Das Haushuhn braucht nun vermehrt Energie, um ein neues Federkleid auszubilden. Dieser Prozess wird durch eine ausreichend eiweißreiche Ernährung, kombiniert mit allen notwendigen Mineralstoffen und Vitaminen, gefördert.

Die Frage nach der Notwendigkeit der künstlichen Beleuchtung scheidet die Hühnerhalter. In hiesigen Breiten legen Hennen ohne die Unterstützung von zusätzlichem Licht im tiefsten Winter weniger bis gar keine Eier. Ein Mehr an Licht ist folglich gleichbedeutend mit einem Mehr an Eiern.

Das Argument gegen künstliche Stallbeleuchtung ist schon an dem Adjektiv „künstlich" ersichtlich. Es wird angeführt, dass der Legehenne Zeit zur Regeneration gegeben werden soll und sie sich ihrem natürlichen Biorhythmus hingeben darf. Es wird schon philosophisch zu definieren, was denn nun wahrlich *künstlich* und was *natürlich* ist, insbesondere, wenn der Mensch seine Finger im Spiel hat.

Ob Sie nun den Stall Ihrer Haushühner in der dunklen Jahreszeit beleuchten, liegt an Ihnen. Dabei geht es nicht nur um die Ausbeute an Eiern, sondern um Ihre Sichtweise, was ein vergnügtes Huhn braucht.

Lassen sich Hähne miteinander vergesellschaften?

Es ist möglich, Hähne zu vergesellschaften. Sowohl in gemischtgeschlechtlichen Hühnerherden als auch gleichgeschlechtlichen Gruppen werden Hähne zusammen gehalten und dies funktioniert mitunter tadellos.

Wenngleich ich mir mit meiner Meinung nicht nur Freunde mache, so rate ich dennoch von einer gemeinsamen Haltung mehrerer Hähne ab.

Junghähne in einer Gruppe gehalten vertragen sich meist gut, doch was gelingt, muss nicht auf Dauer funktionieren. Hähne können relativ unvermittelt ihr Verhalten ändern und einander bekämpfen. Es bedarf dafür nicht zwingend einer als aggressiv bezeichneten Hühnerrasse, sondern kann auch eine als noch so friedlich verschriene Hühnerrasse betreffen. Nicht umsonst weiß man um Hahnenkämpfe. Mitunter attackieren sich Hähne aus heiterem Himmel und machen dabei keine Gefangenen.

Rund ums Ei

Das Hühnerei ist ein geschätztes Produkt eines jeden Hühnerfreunds. So macht es noch nach Jahren Spaß, mit einem Eierkorb bestückt zum Hühnerstall zu marschieren und die Eier aus den Legenestern zu sammeln.

Es gibt Eier in den unterschiedlichsten Farben und das Gefieder eines Huhns gibt keine Auskunft über die

Eierfarbe, sondern vielmehr die Farbe der Ohrscheiben einer reinrassigen Henne. So legen Hennen mit roten Ohrscheiben braune Eier und mit Hennen mit weißen Ohrscheiben weiße Eier. Es gibt auch grünlich-bläuliche Eier, welche vom Araucana-Huhn stammen oder die dunkelbraunen, an Schokolade erinnernden, Eier der Marans.

Auch hinsichtlich der Form und Größe gibt es Abweichungen, so dass kaum ein Ei dem anderen gleicht. Es gibt eine wunderbar bunte Palette an Eierfarben, ganz ohne Färben.

Die diversen Eierfarben beruhen letztlich auf der Einlagerung unterschiedlicher Farbpigmente in die Eierschale. Im Inneren sind die Eier gleich und auch der Geschmack ist derselbe. Nicht die Farbe des Eies bestimmt den Geschmack, sondern vielmehr das Futter, welches die Legehennen fressen.

Gleich, welche Farbe ein Hühnerei hat, es besteht aus Eiklar, Schale und Dotter.

Zwar verfügen Hennen nur über einen produktiven Eierstock und einen Eileiter, allerdings arbeitet der Legeapparat eines Huhns sehr effizient. Wann immer die Henne ein Ei legt, ist es vorab zum Eisprung gekommen. Der Dotter reift im Eierstock und in ihm befindet sich die winzige Eizelle. Die herangereifte Dotterkugel wandert durch den Eileiter. Dort wird das Eiklar hinzugefügt, welches hauptsächlich aus Wasser, Eiweiß und Mineralstoffen besteht. Bei seiner Wanderung durch den Eileiter wachsen dem Ei sogenannte Hagelschnüre, mit welchen der Dotter in der Schale fixiert ist. Um das Eiweiß herum entsteht nun eine Membran. Am Ende des Eileiters bilden Schalendrüsen und Eiweiße eine dünne Haut um das Ei, welche am stumpfen Ende eine Luftkammer aufweist, und darauf die Eierschale, welche hauptsächlich aus Calciumcarbonat besteht. Je älter ein Ei übrigens ist, desto größer wird die Luftkammer. Daher dient die Schwimmprobe zur Überprüfung der Frische von Hühnereiern.

Die Eierschale eines Eies hat tausende von winzigen Poren, durch welche Sauerstoff und Kohlendioxid während der Embryonalentwicklung des Kükens passieren können. Hennen produzieren Eier mit unterschiedlich starker Eierschale, in der Regel ist die Schale zwischen 0,2 und 0,4 Millimeter dick. Einige Hühnerrassen sind für besonders starke Schalen bekannt. Jüngere Hennen legen oft Eier mit dickerer Schale als ältere Hennen. Im Körper der Henne ist das Ei anfangs noch kreisrund, doch durch Muskeln wird das entstehende Ei spiralförmig gedreht, so dass sich gleichmäßig die Schale bilden kann. Dabei entsteht die etwas längliche Form des Eies, welche recht stabil bei Druck ist – schließlich werden Eier von Glucken ausgebrütet und das Zerbrechen des Geleges steht dabei nicht an der Tagesordnung. Das fertige Ei findet schließlich seinen Weg durch die Kloake nach draußen.

Gelegentlich kann es vorkommen, dass eine Henne ein sogenanntes Windei legt. Windeier besitzen keine feste Eierschale. Lediglich die dünne Eihaut umgibt das

Hühnerei. Windeier können verschiedene Ursachen haben und bei ihrem Anblick sollte der Hühnerhalter nicht direkt in Panik verfallen. Sehr junge Hennen, welche bereits mit dem Legen begonnen haben, beglücken manchmal mit Windeiern. Dies ist jedoch nicht von Dauer. Sehr alte Hennen legen ebenfalls hin und wieder Windeier. Oft wird ein Kalkmangel bei den Hennen als Ursache für das Fehlen der Eierschale angeführt. Hennen brauchen eine konstant ausreichende Zufuhr von Kalk, um regelmäßig eine Eierschale bilden zu können. Heiße Temperaturen werden ebenfalls für die Entstehung von Windeiern verantwortlich gemacht.

Da die harte Schale fehlt, merkt manches Huhn gar nicht, dass ein Ei auf dem Weg nach draußen ist. Windeier findet man daher nicht nur im Legenest.

Unabhängig davon, ob das Ei befruchtet wurde oder nicht, das Hühnerei wird gebildet und gelegt.

Bekanntermaßen haben Hähne eine ganze Schar an Hennen. Falls der Hahn nicht regelmäßig den Tretakt ausführt, so kann die Henne dennoch befruchtete Eier legen. Im Legeapparat der Hennen sind Spermien über Wochen überlebensfähig und in der Lage, vorbeiwandernde Eizellen zu besamen.

Unversehrte Eier lassen sich mindestens achtundzwanzig Tage aufheben. Sie können mit einem Bleistift auf die Eierschale das Legedatum notieren, so dass Sie immer wissen, wie alt ein Ei ist. Insofern Eier nicht zum Brüten benutzt werden, können sie im Kühlschrank gelagert werden. Dort halten sie sich am längsten und die kühlen Temperaturen schützen vor Bakterienwachstum.

Falls Sie ein Ei unklaren Legedatums vor sich haben, hat sich der bereits angeklungene Schwimmtest bewährt. Dafür geben Sie das Ei in ein Glas Wasser und schauen, ob es sich aufrichtet oder sogar nach oben schwimmt. Ein sehr frisches Ei bleibt am Boden des Glases liegen, ein etwas älteres Ei richtet sich auf und ein altes Ei schwimmt auf und sollte nicht mehr verzehrt werden.

Der Verzehr eines Hühnereies ist weit gesünder denn sein Ruf. Längst wird kontrovers diskutiert, ob der regelmäßige Genuss cholesterinhaltiger Nahrungsmittel für den Anstieg des LDL-Cholesterins verantwortlich ist; vielmehr wird eine genetische Begünstigung für hohe LDL-Werte vermutet. Cholesterin sollte nicht per se verteufelt werden, da es im menschlichen Körper lebensnotwendige Funktionen übernimmt. Es ist ein wichtiger Bestandteil der Zellmembranen, ist an der Produktion von Sexualhormonen beteiligt und wird für Nervenfunktionen gebraucht.

Zu drei Vierteln besteht ein Ei aus Wasser. Hundert Gramm eines rohen Hühnereies haben durchschnittlich 137 Kalorien, 11,9 Gramm Eiweiß, 1,5 Gramm Kohlenhydrate und 9,3 Gramm Fett.

396 Milligramm Cholesterin sind in hundert Gramm Ei enthalten, welches 0,1 Broteinheiten entspricht. Vitamine hat das Ei auch zu bieten, es enthält Vitamin A, D, E, B1, B2, B6 und B12 sowie einige Mineralstoffe, darunter Eisen, Zink und Magnesium. Das Hühnerei hält eine

ganze Menge an Nährstoffen bereit – und gut schmecken tut es allemal.

Naturbrut oder Kunstbrut?

Der Bruttrieb ist bei Hühnerrassen unterschiedlich gut ausgeprägt. So gibt es einige Hennen, die regelmäßig Eier legen, doch nie versuchen, diese auszubrüten. Andere Hennen lassen sich kaum davon abbringen, die Eier nicht auszubrüten. Falls Sie daran interessiert sind, dass sich Ihre Hühnerschar vermehrt und die Henne ihre Eier selbsttätig ausbrütet und Küken großzieht, so sind Sie mit einer Hühnerrasse gut beraten, die für ihre brutwilligen Glucken bekannt ist.

Wenn die Henne rund einundzwanzig Tage auf ihrem Gelege gesessen hat, schlüpfen die Küken. Nach dem Schlupf umsorgt die Glucke ihren Nachwuchs noch einige Wochen. Sie hudert, das heißt, sie führt ihre Küken zu Futter und Wasser, wärmt sie in ihrem Brustgefieder und unter den Flügeln und passt auf, dass ihnen nichts geschieht und sie alle beisammen bleiben. In diesem Fall spricht man von Naturbrut. Es gibt eine ganze Anzahl an Hühnerrassen, welche für ihre oft in Brutstimmung verfallende Hennen bekannt sind, wie beispielsweise das Seidenhuhn und das Brahma.

Unter dem Begriff Kunstbrut wird das Ausbrüten eines befruchteten Eies in einer Brutmaschine verstanden. Sie brauchen befruchtete Bruteier, welche Sie entweder von ihren eigenen Hennen bekommen oder Sie kaufen Bruteier. Befruchtete Hühnereier können bis zu vier

Wochen vor dem Bebrüten gelagert werden. Erfahrungsgemäß haben frischere Eier eine höhere Schlupfrate. Bis zu vierzehn Tage alte Bruteier können problemlos für ein gutes Schlupfergebnis verwendet werden. Bruteier können Sie sich sogar zuschicken lassen. Wichtig ist die richtige Lagerung. Die Eier sollten nicht zu warm oder kalt stehen. Zehn bis fünfzehn Grad Celsius Umgebungstemperatur, zum Beispiel in einem Keller, haben sich als optimal herausgestellt. Drehen Sie die Eier bis zum Einlegen in den Brutapparat mindestens einmal täglich halb um die Längsachse. Neu erworbene Bruteier, welche versandt worden, sollten zwei Tage ruhen. Neben der Umgebungstemperatur ist auch die Luftfeuchtigkeit bei der Lagerung von Bruteiern wichtig. Diese sollte nicht zu niedrig sein und über siebzig Prozent betragen. Achten Sie darauf, ausschließlich unversehrte und normal geformte Eier in den Brutapparat zu geben.

Es gibt Brutmaschinen von verschiedensten Herstellern mit unterschiedlichem Aufbau. Die kleinsten Brutapparate sind für wenige Eier konzipiert und einfach in der Bedienung. Je nach Ausstattung der Brutmaschine ist das tägliche Drehen des Bruteies erforderlich sowie eine Wasserzugabe, um die benötigte Luftfeuchtigkeit zu wahren. Die im Handel erhältlichen Apparate zum Ausbrüten diverser Eier, nicht nur Hühnereier, funktionieren mittels Strom und erzeugen eine gleichmäßige Wärme. Neben der erforderlichen Temperatur von 37,5 bis 38 Grad Celsius, optimaler Luftfeuchtigkeit und dem bis zu viermal täglichen

Wenden der Eier ist auch eine ausreichende Versorgung mit Sauerstoff erforderlich.

Um festzustellen, ob die Eier auch befruchtet sind, werden sie am siebten Tag im Brutapparat durchleuchtet. Das Durchleuchten der Eier wird als Schieren bezeichnet. Folglich ist eine Schierlampe eine Leuchte, mit welcher die Eier durchleuchtet und auf eine erfolgreiche Befruchtung überprüft werden. Schierlampen sehen häufig aus wie kleine Stab-Taschenlampen und haben ein intensives LED-Licht. Befruchtete Eier zeigen beim Schieren einen Keim mit umgebenden Äderchen. Unbefruchtete Eier hingegen stellen sich beim Durchleuchten durchgängig hell dar und werden entnommen.

Am vierzehnten Tag werden die Eier erneut geschiert und das Küken ist nun gut darstellbar. Falls abgestorbene Kükenembryonen erkennbar sind, sollten diese Bruteier aus der Brutmaschine entfernt werden.

Um eine optimale Schlupfrate von siebzig Prozent oder mehr zu erreichen, müssen die Bedingungen so gut wie möglich sein. Die verschiedenen Brutapparate sorgen für die Erfüllung der erforderlichen Parameter. Während Sie bei einigen Brutmaschinen noch das tägliche Wenden des Eies vornehmen müssen, so übernehmen andere Apparate dies für Sie. Trotz der Fülle an Brutapparaten haben sie eins gemeinsam: Sie alle sind so konzipiert, dass den befruchteten Eiern ein Umfeld geboten wird, welches die Embryonalentwicklung bis zum Schlupf unterstützt.

Im Detail sehen Bedingungen für eine erfolgreiche Kunstbrut wie folgt aus:

- Die notwendige **Temperatur** von 37,5 bis 38 Grad Celsius wird konstant auf einem Level gehalten. Schwankungen von 0,25 Grad Celsius gelten als unproblematisch. Inzwischen wird sogar kontovers diskutiert, ob ein tägliches, kurzzeitiges Abkühlen der Eier nicht sogar der Kükenentwicklung förderlich wäre. Glucken stehen in der Regel einmal am Tag von ihrem Gelege auf, um zu fressen, saufen und sich zu erleichtern. Eine flüchtige, geringfügige Temperaturabsenkung im 24-Stunden-Rhythmus würde das natürliche Verhalten der Glucke simulieren. Ob diese Nachahmung jedoch relevant für die Schlupfrate ist, ist fraglich. Einige Hühnerhalter entnehmen die Bruteier täglich für 15-20 Minuten aus dem Brutapparat. Fest steht, dass ab dem achtzehnten Tag die Temperatur um 0,2 Grad Celsius abgesenkt werden sollte. Die Küken stehen nun kurz vor dem Schlupf und produzieren vermehrt Eigenwärme.

- Eine optimale **Luftfeuchtigkeit** ist unabdingbar für eine gute Entwicklung des Kükenembryos. Sie darf weder zu hoch noch zu niedrig sein. Ansonsten ertrinken die Kükenembryonen förmlich im Ei oder stehen zu trocken. Bis zum zwanzigsten Tag beträgt die Luftfeuchtigkeit vierzig bis sechzig Prozent, kurz vor dem Schlupf wird die Luftfeuchtigkeit auf siebzig Prozent und mehr hochgenommen. Die Eihaut bleibt auf diese Weise geschmeidig, so dass das Küken sie während des Schlupfes erfolgreich durchstoßen kann.

- Ein weiterer, wichtiger Parameter ist **Sauerstoff**. Mangelnder Sauerstoff in der umgebenden Luft sorgt für ein Absterben des Kükenembryos im Ei. Kurz vor dem Schlupf steigt der Sauerstoffbedarf an. Bei stehender Luft in diversen Brutapparaten kann entweder kurz gelüftet werden oder es sind verschließbare Lüftungslöcher vorhanden. Beachtet werden sollte, dass sich bei zu ausgiebigem Lüften die Temperatur und Luftfeuchtigkeit verändert.

- Das **Wenden** der Eier ist notwendig, damit das sich entwickelnde Küken nicht an der Eihaut festklebt. In der Regel wird ein drei bis viermaliges Wenden des Eies innerhalb von vierundzwanzig Stunden empfohlen. Das Ei wird jeweils um 180 Grad gedreht. Automatische und halbautomatische Brutapparate wenden die Eier selbsttätig. Das Wenden der Eier ist nur bis zu drei Tagen vor dem Schlupf notwendig. Ab dem achtzehnten Tag wird das Ei nicht mehr gedreht.

Um Ihnen eine kurze Übersicht über Brutapparate zu geben, seien an dieser Stelle Flächen- und Motorbrüter kurz näher erläutert. Wie bereits angeklungen, gibt es eine Fülle an Brutmaschinen unterschiedlichster Größe und für jedes Budget, doch Sie alle werden zur Kunstbrut verwendet.

Die handelsüblichen Flächenbrüter sind oft recht erschwinglich, doch überlassen dem Hühnerhalter noch einiges an Arbeit. Um ein zufriedenstellendes Schlupfergebnis zu haben, ist dieser Brutapparat gewissenhaft zu bedienen. Im Flächenbrüter liegen die Eier nebeneinander in Reihen. Oft wird die Luft mit Hilfe von Heizdrähten erwärmt. Sie müssen die Eier im Flächenbrüter regelmäßig von Hand wenden und teils auch komplett anders positionieren, falls die Wärmeverteilung ungleichmäßig ist. In Flächenbrütern kann die Luft stehen, welches einen Sauerstoffmangel beim sich entwickelnden Küken hervorrufen kann. Für eine ausreichende Lüftung muss gesorgt werden, sei es mittels Lüften durch Abnehmen des Deckels oder durch wiederverschließbare Lüftungsschlitze.

Die in der Regel teurere Variante ist der Motorbrüter. Die Eier werden zumeist auf Rollhorden in den Brutapparat eingelegt und Ventilatoren sorgen für eine effiziente Luftumwälzung und Sauerstoffverteilung. Die Eier im Motorbrüter werden automatisch gewendet. Je nach Modell lässt sich die gewünschte Luftfeuchtigkeit genau einstellen. In einigen Modellen dieser Brutmaschinen lassen sich Hunderte von Eiern gleichzeitig ausbrüten.

Sobald die Küken nach einundzwanzig Tagen geschlüpft sind, müssen sie warm und zugfrei untergebracht werden. Es gibt spezielles Kükenaufzuchtfutter. Schon bevor Ihre Hühner Nachwuchs haben, sollten Sie über mögliche Impfungen nachdenken, sowie die gesetzlich vorgeschriebene Impfung gegen die Newcastle-Disease-Krankheit. Änderungen des Hühnerbestands sind zudem der Tierseuchenkasse und dem Veterinäramt zu melden.

Die frisch geschlüpften Küken können noch nicht zu den übrigen Hühnern gelassen werden. Es gibt keine hudernde Glucke und Sie müssen dafür sorgen, dass es den Küken an nichts mangelt. Eine Wärmelampe sorgt dafür, dass die Kleinen nicht unterkühlen. Achten Sie darauf, dass es den Küken weder zu kalt noch zu heiß ist. Falls die Kleinen sich alle unter der Lampe drängeln, suchen sie vermehrt die Wärme und es mag etwas zu kalt sein und die Wärmequelle hängt wahrscheinlich zu hoch. Bei zu starker Wärme flüchten die Kleinen an die Seitenwände ihrer Unterbringung. Die Küken sollten immer genug Raum haben, um nicht dicht an dicht stehen zu müssen. Eine Kükentränke spendet Wasser und ist so entworfen, dass die Küken nicht ertrinken können. Falls Sie keine speziell ausgewiesene Kükentränke haben, so nehmen Sie einen flachen Unterteller und füllen ihn mit Wasser. Sie können auch noch ein paar Steine in die niedrige Schale geben und sicherstellen, dass die Kleinen nicht versehentlich den nassen Tod erleiden.

Natur- und Kunstbrut haben jeweils Vor- und Nachteile. Wenn Sie nur ab und an Küken möchten, welche von einer Glucke umsorgt werden, dann ist Naturbrut eher das Richtige für Sie. Nicht alle Hühnerrassen haben verlässliche Glucken und für diese Hühner bietet sich die Kunstbrut an.

Es kann übrigens passieren, dass eine Henne plötzlich vom Gelege aufsteht. Daher hat es sich bewährt, zwei Hennen zur gleichen Zeit glucken zu lassen. Zur Not können Sie der anderen Henne die Eier unterschieben und das angebrütete Gelege ist nicht verloren. Je größer die Glucke, desto größer das mögliche Gelege. Eine Seidenhuhn-Henne kann naturgemäß nicht so viel Eier bebrüten wie eine Brahma-Henne.

Schauen Sie, dass Ihre Hennen nicht an Milben leiden. Dies ist ein möglicher Grund, weshalb eine Glucke ihr Gelege vorzeitig aufgibt. Hat es sich eine Henne einmal zum Glucken in einem Legenest gemütlich gemacht, so lassen sie das Tier bis kurz vor dem Schlupf der Küken im Stall bei ihrer Hühnerherde. Um den zwanzigsten Tag herum bringen Sie die Glucke mit ihrem Gelege in ihren Gluckenstall, so dass die Küken dort schlüpfen und die Glucke sich ungestört um ihren Nachwuchs kümmern kann. Sobald die Kleinen nicht mehr von der Henne geführt werden, ist die *Mutter-und-Kind-Kur* beendet. Einige Hühnerhalter belassen die Glucke samt Nachwuchs im Herdenverband und separieren sie nicht zum Schlupf und zur Aufzucht. Die Glucke beschützt ihre Nachkommen gut vor möglichen Angriffen, dennoch passen die Küken oft durch reguläre Zäune eines Hühnerauslaufs und werden mitunter Opfer von Vierbeinern. Zusätzlich verfügen die Kleinen noch nicht über einen Impfschutz und sollten erst nach ein paar Wochen zur restlichen Hühnerherde entlassen werden.

Hennen legen ab dem vierten Lebensmonat Eier. Je nach Hühnerrasse wird die Legetätigkeit spätestens ab dem siebten Lebensmonat aufgenommen. Ab diesem Zeitpunkt können Hennen gut in eine bestehende Gruppe integriert werden. Hähne werden oft mit anderen

Junghähnen zusammengehalten. Wenngleich Hühnerhalter teils gemischtgeschlechtliche, gut funktionierende Hühnerherden mit mehreren Hähnen halten, so spreche ich mich hiergegen aus. Sobald ein Hahn geschlechtsreif ist, kann es zu blutigen bis tödlichen Auseinandersetzungen mit männlichen Artgenossen kommen. Diese Kämpfe sind nicht immer vorhersehbar, so dass eine Vergesellschaftung von Hähnen ein gewisses Risiko in sich birgt. Sei es Naturbrut oder Kunstbrut, das Geschlechterverhältnis von zu erwartenden Hähnen und Hennen lässt sich nicht vorab erkennen.

Hähne und Hennen faszinieren gleichermaßen und gerade dem Privathalter wachsen seine Tiere ans Herz. Dies führt dazu, dass häufig mehr als ein Hahn in einer Hühnerherde gehalten wird. Leider ist es wenigen Menschen möglich, für jeden geschlüpften Hahn ein eigenes Reich mit einer Schar an Hennen bereitzustellen. Oft bleibt nur die Vermittlung von Hähnen in ein neues Zuhause übrig.

An dieser Stelle plädiere ich für die Haltung von Hennen mit Hahn. Zwar lassen sich Hennen auch ohne männlichen Artgenossen halten, doch sollte Hahnenschrei keine Nachbarn stören, so tun Sie etwas Gutes und verhelfen einem Hahn zu einem artgerechten Leben.

Was macht Hybridhühner aus?

An dieser Stelle seien auch die sogenannten Hybriden erwähnt, welche mitunter an Privatpersonen verkauft werden. Bei solchen Hühnern handelt es sich nicht um klassische Hühnerrassen, wie sie vom Bund Deutscher Rassegeflügelzüchter definiert sind.

Hybriden sind aus verschiedenen Hühnerrassen in langen Inzuchtlinien hervorgegangen. Das Hauptaugenmerk bei der Entstehung diverser Hybriden liegt auf deren Leistungsfähigkeit. Hybriden wurden als Nutztiere für die Eier- und auch Fleischproduktion gezüchtet.

Gleichwohl sind Hybridhühner in der Privathaltung anzutreffen. Jedes Huhn hat seinen eigenen Charakter und ist ein fühlendes Lebewesen und so spreche ich mich dafür aus, dass Hybriden nicht per se schlechtgeredet werden. Es gibt nicht *das Hybridhuhn* und somit existiert auch nicht eine allgemeingültige Beschreibung. In der kommerziellen Hühnerhaltung kommen verschiedenartige Hybriden vor, welche Eier in diversen Farben legen, unterschiedlich schwer sind und so fort. Es gibt Hybriden, die in der Hobbyhaltung ganz Huhn sind, draußen nach Würmern picken, sich vergesellschaften lassen und sogar wissen, wie man brütet und Küken führt. Im Gegensatz zu Hybriden wurden diverse Hühnerrassen nicht ausschließlich auf Leistung von Eiern beziehungsweise Fleisch gezüchtet. Das Verhalten und das Aussehen eines Huhns werden durch die Rasse festgelegt und so können Sie abschätzen, in welche Richtung sich das Federvieh entwickelt.

Anerkannte Rassehühner verfügen meist über einen größeren Genpool als Hybridhühner und weisen rassespezifische Merkmale auf, welche weit über den reinen Nutzen wie Legeleistung oder Mastfähigkeit hinausgehen. Einige Hühnerrassen sind in ihrem Bestand gefährdet und ihre Haltung trägt zu ihrer Existenzsicherung bei. Hühnerrassen sind hinsichtlich mannigfaltiger Eigenschaften definiert und ihre Entwicklung ist in aller Regel keine Überraschung.

Das Huhn, ein eierlegendes Haustier?

Gallus gallus domesticus ist ein Haushuhn und ein Tier, welches in menschlicher Obhut entstand. Das Haushuhn weist Gemeinsamkeiten mit seinem wilden Vorfahren, dem Bankivahuhn, auf. Der Mensch züchtete in der Geschichte des Huhns immer mehr Rassen, welche verschiedene Zwecke erfüllten. Hühner wurden und werden aufgrund ihrer Eier und ihres Fleisches wegen gehalten sowie zur Zierde.

Während Wildhühner nur saisonal Gelege haben, legt eine produktive Legehenne an die zweihundert Eier im Jahr. Einige Fleischrassen setzen ausgeprägt Fleisch an, besonders an der Brust, so dass ihr Schwerpunkt, je nach Rasse, beim Gehen verlagert sein kann. Die verschiedenen Rassen des Haushuhns wurden teilweise herausgezüchtet, um das menschliche Bedürfnis nach Fleisch und Eiern zu befriedigen.

Einige Hühnerrassen stechen nicht durch ihre Menge an Fleisch oder Eier hervor, sondern durch ihr markantes Aussehen. Zudem haben verschiedene Hühnerrassen unterschiedliches Verhalten. Es gibt ruhigere und temperamentvollere Rassen mit vielfältigen Charakteren.

Betrachtet man all diese Aspekte einer Hühnerrasse, so wird deutlich, dass es bei der durchdachten Hühnerzucht um weit mehr als nur die Produkte des Tiers geht und das Rassehuhn kein reines Nutztier, sondern auch ein Haustier ist. Hühner werden über ihren Nutzen hinaus aus Liebhaberei gehalten und gezüchtet.

Jede Hühnerrasse sollte in ihrer Gesamtschau betrachtet werden und lässt sich nicht pauschal nach Legeleistung und Gewicht beurteilen. In der privaten Hühnerhaltung geht es auch darum, Freude an seinen Tieren zu haben. Daher lohnt sich die Beschäftigung mit den unterschiedlichen Hühnerrassen und der Frage, welche Art von Huhn Sie bei sich halten möchten.

Es gibt nicht das perfekte Huhn; sie alle sind auf ihre Weise schön. Nehmen Sie sich Zeit, sich mit den verschiedenen Rassen zu beschäftigen und finden Sie heraus, welche Hühnerrasse am besten zu Ihren Lebensumständen passt. In der Privathaltung sind Hühner durchaus eierlegende Haustiere.

Was auch immer ihre Motivation zur Hühnerhaltung ist, sei es das Selbstversorgen mit Eiern und gegebenenfalls Fleisch oder die reine Freude am Beobachten und Versorgen des Huhns, die Geschichte des Haushuhns ist fest mit der Geschichte des Menschen verbunden.

Rassegeflügelzucht M. Heyer: Araucana

Ausgewählte Hühnerrassen

Nachfolgend finden Sie eine kurze Übersicht einiger Hühnerrassen, welche sich in Groß- und Zwerghuhnrassen aufteilen lassen.

Nicht jeder Großhuhnrasse lässt sich eine Zwerghuhnrasse gegenüberstellen. Einige Zwergrassen sind Urzwerge und somit nicht durch Zucht entstanden. Andere Zwerghühner wiederum sind nicht aus Verzwergung der jeweiligen Großhuhnrasse hervorgegangen und haben teils andere Vorfahren als ihre große Entsprechung.

Hühnerrassen gibt es in vielfältigen Farbschlägen. Die Schreibweise der einzelnen Farben variiert zum Teil.

Im folgenden Rasseporträt sind für die jeweilig beschriebenen Rassehühner einige typische Farben des Gefieders exemplarisch benannt.

Diverse Farbschläge sind offiziell vom Bund Deutscher Rassegeflügelzüchter anerkannt, andere (noch) nicht. Die Nennung bestimmter Farbschläge erhebt in keiner Weise Anspruch auf Vollständigkeit.

Es sind vornehmlich Legerassen, Fleischrassen und Zwierassen porträtiert sowie einige Zier- und Langschwanzrassen sowie Kampfhühner. Jede einzelne Rasse hat ihren ganz besonderen Reiz und ihre Daseinsberechtigung. Wenn möglich, schauen Sie sich die einzelnen Hühnerrassen in natura an.

Rassegeflügelzucht M. Heyer: Italiener

Rassegeflügelzucht M. Heyer: Brahma

130

Rassegeflügelzucht M. Heyer: Vorwerkhuhn

Rassegeflügelzucht M. Heyer: Zwerg-Cochin

Legerassen

Der Fokus diverser Legerassen liegt auf der Fähigkeit der Hennen, recht viele Eier zu legen. Weder dem Fleisch des Huhns noch dessen Optik kommt bei den Legerassen die gleiche Gewichtung zu.

Dennoch haben Rassehühner, und so auch Legerassen, rassetypische Eigenschaften, welche nicht nur die Legeleistung betreffen. Legehuhn ist nicht gleich Legehuhn und es gibt eine breite Auswahl an Hühnern, die neben ihrer Legeleistung auch durch ihren Charakter und ihr Aussehen bezaubern.

Altsteirer

Die österreichischen Hühner aus der Steiermark stehen auf der Liste der bedrohten Haushuhnrassen. Das Altsteirer-Huhn ist eine schnellwachsende Landhuhnrasse und der Hahn wiegt 2,5 bis drei Kilogramm. Hennen bringen zwischen zwei und 2,25 Kilogramm auf die Waage und legen rund 180 Eier im ersten Lebensjahr mit einem Mindestgewicht von 55 Gramm. Das Altsteirer stellt keine besonderen Ansprüche an seine Umgebung und sucht sich sein Futter draußen selbst.
Das Altsteirer gibt es in weiß und wildbrauner Farbe; die Eierschalen sind elfenbeinweiß.

Amerikanisches Leghorn

Das Amerikanische Leghorn, auch nur Leghorn genannt, ist eine Rasse aus den USA. Der englische Name Leghorn leitet sich von der italienischen Stadt Livorno ab, aus welcher die Vorfahren dieser Hühnerrasse stammen. Das Leghorn verfügt in seiner Form über fließende Linien und trägt den breitgefächerten Schwanz hoch. Ein Leghorn-Hahn wiegt zwei bis 2,7 Kilogramm. Eine Henne wiegt durchschnittlich 1,7 bis 2,2 Kilogramm und legt bis zu 200 Eier im Jahr, welche gemessen am Körpergewicht des Huhns mit 55 Gramm recht schwer sind. Das Amerikanische Leghorn ist von lebhaftem Temperament und schnellwüchsig. Die grazile Schönheit aus den Vereinigten Staaten von Amerika läuft gerne im Garten umher, gerät aber selten in Brutstimmung. Das Leghorn gibt es als Groß- und Zwerghuhnrasse.

Das Leghorn US-amerikanischen Ursprungs ist ebenso wie seine Eier von rein weißer Farbe.

Araucana

Das Araucana-Huhn, auch unter dem ähnlich klingenden Namen Araucanas bekannt, beeindruckt durch seine besondere Erscheinung und seine grünlich-blauen Eier. Die Hühnerrasse stammt aus Südamerika. Es ist belegt, dass diese Hühner über mehrere Jahrhunderte von einer indigenen Bevölkerungsgruppe im heutigen Chile gehalten wurde. So leitet sich der Name des Araucana von den Araukanern ab, welches die ehemalige Bezeichnung für Mapuche-Indianer ist.

Das Araucana-Huhn weist verschiedene anatomische Besonderheiten auf. Es hat beispielsweise weder Schwanzwirbel noch Bürzeldrüse oder Schwanzgefieder. Der Hahn wiegt zwei bis 2,5 Kilogramm und eine Henne 1,6 bis zwei Kilogramm und legt bis zu 180 Eier pro Jahr mit einem Eigewicht von 50 Gramm. Diese Rasse gilt als robust und ist ein guter Futtersucher bei Freigang. Araucana existieren als Groß- und Zwerghuhnrasse.

Araucana sind oft von schwarzer oder goldhalsiger Färbung und die markanten Eierschalen sind grünlich-blau bis bläulich-grün.

Italiener

Das Italiener-Huhn ist eine aktive und bewegungsfreudige Legerasse, welche bedingt flugfähig ist. Eine Umzäunung sollte dementsprechend hoch gewählt werden. Es ähnelt stark dem Amerikanischen Leghorn und in reinweiß sehen sich die beiden Hühnerrassen sehr ähnlich.

Italiener-Hennen sind für ihre üppige Legeleistung bekannt und legen bis zu 190 Eier im Jahr, die bis zu 56 Gramm schwer sind. Hähne dieser Rasse wiegen, je nach Farbschlag, 2,25 bis drei Kilogramm. Italiener-Hennen bringen 1,75 bis 2,5 Kilogramm auf die Waage und gelangen selten in Brutstimmung. Es gibt eine Zwergrasse der hübschen Italiener.

Italiener haben eine Fülle an Farbschlägen, ihre Eier weisen weiße Schalen auf.

Marans

Das aus Frankreich stammende Marans ist ein lebhaftes Huhn. Hähne sind mit 3,5 bis vier Kilogramm kräftig und Marans-Hennen sind mit 2,5 bis drei Kilogramm etwas leichtgewichtiger. Das Marans ist bekannt für seine hell- bis dunkelbraun gefärbten Eier, die mit dunklen Sprenkeln übersät sein können. Eine Henne bringt es im ersten Lebensjahr auf eine Legeleistung von 170 Eiern. Das Hühnerei selbst ist mit 65 Gramm sehr groß. Die hübschen Franzosen werden als Groß- und Zwerghuhnrasse gezüchtet.

Marans haben eine schwarz-kupferne Färbung und die markanten Eierschalen sind von einem dunklen Rotbraun, welche oft zusätzlich dunkel gesprenkelt sind.

New Hampshire

Die Rasse stammt aus dem US-amerikanischen Bundesstaat New Hampshire und ist ein mittelschweres Haushuhn. Hähne werden drei bis 3,5 Kilogramm schwer, Hennen sind mit 2,25 bis 2,7 Kilogramm deutlich leichter. New Hampshires sind ruhige Hühner, welche schnell zutraulich werden. Hähne haben oft einen sehr großen Kamm, lange Kehllappen und glänzen mit einem blau-grünen Schwanzgefieder. Hennen legen im ersten Jahr bis zu 250 Eier mit einem durchschnittlichen Eigewicht von 55 Gramm. New Hampshires sind widerstandsfähige Hühner. Ihr Bruttrieb ist nicht stark ausgeprägt. Die umgänglichen Amerikaner gibt es auch als Zwerghuhnrasse.

Das New Hampshire kommt mitunter in den Varianten weiß und goldbraun daher; die Schale der Eier ist braun.

Penedesenca

Das Penedesenca-Huhn stammt aus Katalonien. Die bewegungsfreudige Hühnerrasse scharrt gerne im Grünen. Hähne wiegen zwei bis 2,7 Kilogramm und Hennen bleiben mit 1,7 bis zwei Kilogramm von geringerem Gewicht. Die spanische Hühnerrasse bringt zuverlässige Legehennen hervor, welche bis zu 190 Eier im Jahr legen. Die Eier haben ein Gewicht von rund 58 Gramm.

Penedesenca sind gold-weizenfarbig gefärbt und legen Eier mit dunklen, rotbraunen Schalen.

Fleischrassen

Hühnerrassen, welche zu den Fleischrassen gerechnet werden, zeichnen sich in aller Regel durch einen guten Fleischansatz aus. Mastfähigkeit und Frohwüchsigkeit diverser Fleischrassen ist ebenso relevant wie ein guter Schlachtkörper und der Geschmack des Fleischs.

Brahma

Brahmas sind von imposanter Erscheinung. Die nordamerikanischen Riesen haben asiatische Wurzeln. Die Hühner fallen durch ihren massigen Körper, ihr Daunenreichtum und ihre befiederten Läufe auf. Ein Brahma schreitet würdevoll umher und wird nicht übersehen. Brahma-Hähne wiegen zwischen 3,5 und fünf Kilogramm und die Hennen bringen drei bis 4,5 Kilogramm Lebendgewicht auf die Waage. Die ruhigen Hünen werden zahm, sobald sie Vertrauen zum Menschen gefasst haben. Hennen legen circa 140 Eier im Jahr mit einem Eigewicht von 53 Gramm und mehr. Neben der Großhuhnrasse gibt es auch das Zwerg-Brahma. Brahmas bringen exzellente Glucken hervor.

Brahmas sind unter anderem weiß-schwarzcolumbia, silberfarbig-gebändert und rebhuhnfarbig-gebändert gefärbt. Die Eierschalen dieser Rasse sind von gelblich-brauner Farbe.

Cochin

Cochins sind imposante Hühner. Hähne dieser kräftigen Rasse wiegen zwischen 3,5 und 5,5 Kilogramm; Hennen sind mit drei bis 4,5 Kilogramm etwas leichter. Die Hühner fallen durch ihren massigen Körper, ihre üppigen Daunen und ihre stark befiederten Läufe auf. Hennen legen circa 120 Eier um Jahr mit einem Eigewicht von circa 53 Gramm. Ihr Bewegungsdrang und ihre Flugfähigkeit sind wenig ausgeprägt. Die hübschen Riesen asiatischen Ursprungs erfreuen auch als Zwerg-Cochin. Ähnlich wie beim Brahma-Huhn wartet das Cochin mit umsorgenden Glucken auf.

Cochins sind mitunter weiß, gelb, schwarz, blau oder gesperbert und haben bräunlich-gelbe Eierschalen.

Dorking

Die alte Fleischrasse Dorking stammt aus dem Süden Englands. Eine Theorie besagt, dass die Römer das fünfzehige Huhn nach Großbritannien brachten. Ein Dorking-Hahn bringt 3,5 bis 4,5 Kilogramm auf die Waage und die Hennen 2,5 bis 3,5 Kilogramm. Die frohwüchsigen Hühner haben eine ruhige Natur. Hennen dieser Rasse legen rund 140 Eier im Jahr, das durchschnittliche Eigewicht beträgt 55 Gramm. Das kräftige Fleischhuhn existiert auch als Zwerghuhn.

Dorkings sind zuweilen silber-wachtelfarbig oder auch goldhalsig gefärbt; die Hennen legen Eier mit weißer Schale.

Houdan

Das Houdan ist eine aus Frankreich stammende Haushuhnrasse, welche besonders durch ihr Erscheinungsbild hervorsticht. Houdans besitzen eine volle Haube. Zudem haben sie fünf Zehen, welches zumeist damit erklärt wird, dass Dorkings an der Entstehung dieser Rasse beteiligt waren. Houdans bringen 2,5 bis 3,5 Kilogramm schwere Hähne hervor. Hennen wiegen zwei bis drei Kilogramm legen an die 160 Eier im Jahr mit einem Eigewicht von 53 Gramm. Houdans sind freundliche Hühner, welche sich leicht zähmen lassen. Mitunter bringt die französische Fleischhuhnrasse verlässliche Glucken hervor. Die Flugfähigkeit der Houdans ist eher bescheiden und erfordert daher nur niedrige Zäune. Die Haube sollte regelmäßig auf Außenparasiten kontrolliert werden; zudem ist der schöne Kopfputz nur bedingt wind- und wettertauglich. Das aparte Fleischhuhn der Grande Nation ist auch in Zwergform vorhanden.

Das schwarz-weiß-gescheckte oder gesperberte Houdan legt Eier mit weißer Schale.

Jersey Giant

Das Jersey Giant entstand im späten 19. Jahrhundert im US-amerikanischen Bundesstaat New Jersey. Mit der Zucht des Jersey Giant sollte der in den USA so beliebte Truthahn abgelöst werden. Bei diesem Plan ist es geblieben, denn noch heute geben die meisten

Amerikaner an Thanksgiving einem Truthahnbraten den Vorzug. Dennoch erfreut sich das freundliche und zutrauliche Jersey Giant allgemeiner Beliebtheit. Ein Hahn bringt 4,5 bis 5,5 Kilogramm auf die Waage. Hennen wiegen 3,6 bis 4,5 Kilogramm und legen rund 180 Eier pro Jahr mit einem Eigewicht von circa 60 Gramm. Typisch für diese Rasse sind ihre weißen Sohlen. In den Staaten wird der Riese auch als Zwerg gezüchtet; hierzulande ist nur die Großhuhnrasse anerkannt.

Die schwarzen, weißen oder auch blau-gesäumten Jersey Giants legen Eier mit brauner Farbe.

Mechelner

Diese belgische Haushuhnrasse stammt aus Flandern, genauer gesagt aus der Stadt Mechelen und ihrer Umgebung. Das Mechelner ist bekannt für sein vorzügliches Fleisch.

Die Rasse ist frohwüchsig, leicht mästbar und robust. Hähne bringen vier bis fünf Kilogramm auf die Waage. Hennen wiegen im Durchschnitt drei bis vier Kilogramm. Erwähnenswert ist die gute Legeleistung der schweren Hühner. Bis zu 180 Eier jährlich legt eine Henne; dabei haben die Eier ein stattliches Gewicht von bis zu 58 Gramm. Aus diesem Grund wird das Mechelner-Huhn nicht selten den Zwiehühnern zugeordnet. Das zähe, belgische Federvieh ist von sanftem Gemüt und gut zähmbar. Es steht auf der Roten Liste der gefährdeten Nutztierrassen. Die flämischen Hühner gibt es als Groß- und Zwerghuhnrasse.

Mechelner kommen in weiß und gesperbert daher und legen cremefarbige Eier.

Orpington

Die großen, stattlichen Hühner entstanden Ende des 19. Jahrhunderts in England. Orpingtons sind eine ruhige Hühnerrasse mit einem umgänglichen Charakter. Hähne wiegen vier bis 4,5 Kilogramm und Hennen drei bis 3,5 Kilogramm. Sie legen bis zu 180 Eier im Jahr mit einem Eigewicht von rund 53 Gramm. Der Bewegungsdrang dieser Hühner ist nicht allzu hoch, jedoch ist ihr Bruttrieb dafür umso besser ausgebildet. Orpington-Hennen sind oft ausgezeichnete Glucken. Obwohl sie zu den Fleischrassen gerechnet werden, legen sie, ähnlich wie die Jersey Giants, relativ viele Eier. Orpingtons sind schnellwüchsig und genug Auslauf und moderate Fütterung beugen möglicher Verfettung vor. Das freundliche Huhn aus dem Vereinigten Königreich kommt in Groß- und Zwergformat daher.

Das Orpington entzückt unter anderem mit schwarzem, gelbem, weißem und gelb-schwarz-gesäumtem Federkleid. Die Eierschalen dieser Hühnerrasse sind cremefarbig.

Zwierassen

Zwierassen, auch Zweihuhnrassen oder Zweinutzungshühner genannt, vereinen Vorzüge der Legerassen sowie der Fleischrassen in sich. Zwierassen liefern Eier und Fleisch gleichermaßen.

Australorp

Die ursprünglich aus Australien stammende Hühnerrasse gilt als ruhig und ist für ihre umsorgenden Glucken bekannt. Das Federvieh mit dem massigen Rumpf und den dunklen Augen gilt als klassisches Zwiehuhn und liefert sowohl Eier als auch Fleisch. Ein Australorp-Hahn wiegt rund drei bis 3,5 Kilogramm und Hennen bringen zwei bis 2,5 Kilogramm auf die Waage. Sie legen 190 Eier im Jahr mit einem Eigewicht von 55 Gramm. Das gutmütige Allround-Talent aus Down Under gibt es als Groß- und Zwerghuhnrasse.

Die schwarzen, blau-gesäumten oder weißen Australorps haben Eier mit hellbrauner Schale.

Bielefelder Kennhuhn

Das Bielefelder Kennhuhn ist eine deutsche Hühnerrasse, welche seit 1980 vom Bund Deutscher Rassegeflügelzüchter vollends anerkannt ist. Der Name Kennhuhn weist auf eine Besonderheit hin. Aufgrund unterschiedlicher Befiederung von Hahnen- und Hennenküken können diese ab dem Schlupf sicher unterschieden werden. Männliche Bielefelder

Kennhuhn-Küken haben einen hellbraunen Rückenstreifen, einen weißen Sperberfleck auf dem Scheitel und gelben Flaum. Die weiblichen Küken hingegen präsentieren sich in hellbraunem, flauschigen Gefieder mit einem kräftig dunkelbraunen Streifen auf dem Rücken; auch sie verfügen über einen kleinen, weißen Fleck auf dem Kopf. Bielefelder Kennhühner sind für ihre Robustheit bekannt. Sie haben ein ruhiges Temperament und werden schnell zahm. Ein männlicher Vertreter der Rasse bringt drei bis vier Kilogramm auf die Waage und Hennen 2,5 bis 3,25 Kilogramm. Hennen legen rund 230 Eier im ersten Jahr mit einem Eigewicht von durchschnittlich 60 Gramm. Es existiert eine Zwergrasse des Bielefelder Kennhuhns.

Das Bielefelder Kennhuhn kommt mit kennsperber und silber-kennsperber farbigem Gefieder daher. Die Eierschalen der jungen Hühnerrasse sind von hellbrauner Färbung.

Deutsches Lachshuhn

Das Deutsche Lachshuhn steht auf der Liste der gefährdeten Haustierrassen. Diese Hühnerrasse gilt gemeinhin als sanftmütig und bedarf in aller Regel keiner hohen Umzäunung. Deutsche Lachshühner weisen einige Besonderheiten auf, so haben sie eine sogenannte Bartbefiederung und fünf anstelle der meist üblichen vier Zehen. Hennen dieser Rasse legen ungefähr 150 Eier von 55 Gramm pro Jahr und Hähne bringen drei bis vier Kilogramm Lebendgewicht auf die Waage. Hennen sind mit 2,5 bis 3,25 Kilogramm etwas leichter. Das friedfertige Federvieh wird auch als Zwerghuhnrasse gezüchtet.

Der Name des Deutschen Lachshuhns ist Programm und sein Gefieder präsentiert sich lachsfarbig. Anders schaut es bei der Farbe der Eierschalen aus; sie sind hellgelb bis braun gefärbt.

Plymouth Rock

Das Plymouth Rock ist US-amerikanischer Herkunft und wurde 1880 nach Deutschland eingeführt. Die Hähne bringen zwischen drei und 3,5 Kilogramm auf die Waage. Hennen sind mit 2,5 bis drei Kilogramm etwas leichter als ihre männlichen Artgenossen und legen an die 190 Eier im Jahr mit einem Gewicht von 55 Gramm. Die ruhigen, leicht zähmbaren Hühner benötigen keinen hohen Zaun und sind für ihre fürsorglichen Glucken bekannt.

Plymouth Rocks gelten als sogenannte Winterleger, welche auch bei reduzierter Tageslichtlänge weiterhin recht verlässlich Eier legen. Neben der Großhuhnrasse existiert das Zwerg-Plymouth Rock.

Plymouth Rocks gibt in weißem und gestreiftem Gewand; die Eierschalen sind von dunkelgelber Farbe.

Sulmtaler

Die Heimat des Sulmtaler-Huhns ist die Steiermark in Österreich. Sulmtaler sind robuste Hühner. Sie sind hervorragende Futterverwerter und dementsprechend leicht mästbar. Ein Hahn dieser Rasse wiegt drei bis vier Kilogramm und Sulmtaler-Hennen bringen 2,5 bis 3,5 Kilogramm auf die Waage. Sie legen an die 180 Eier jährlich mit einem Eigewicht von 55 Gramm. Die hübschen Hühner aus der Alpenrepublik sind für ihren liebenswerten Charakter bekannt. Sulmtaler gibt es auch als Zwerg-Sulmtaler.

Die gold-weizenfarbigen oder weißen Sulmtaler legen Eier mit rahmfarbiger bis hellbrauner Farbe.

Sussex

Das Sussex-Huhn kommt ursprünglich aus England und ist ein typischer Vertreter des Zwiehuhns. Es setzt leicht Fleisch an und Hennen legen bis zu 180 Eier im Jahr, welche ein Gewicht von 60 Gramm aufweisen. Ein Sussex-Hahn ist mit drei bis vier Kilogramm eine stattliche Erscheinung. Hennen wiegen 2,5 bis drei Kilogramm.

Die frohwüchsigen Hühner aus der südenglischen Grafschaft Sussex sind in der Freilandhaltung gut aufgehoben und werden rasch zutraulich. Dass Sussex existiert als Groß- und Zwerghuhnrasse.

Sussex sind häufig weiß-schwarzcolumbia oder braun-porzellanfarbig gefärbt. Die Eierschalen sind von gelbbrauner bis hellbrauner Farbe und teilweise leicht gesprenkelt.

Vorwerkhuhn

Das Vorwerkhuhn ist ein Zwiehuhn deutschen Ursprungs. Hähne dieser Rasse wiegen 2,5 bis drei Kilogramm und Hennen zwei bis 2,5 Kilogramm. Sie legen circa 170 Eier im Jahr mit einem Eigewicht von 55 Gramm. Das aus Hamburg stammende Vorwerk-Huhn gilt als wetterfest und ist von ruhigem Temperament. Es steht auf der Roten Liste der gefährdeten Nutztierrassen. Die norddeutsche Schönheit entzückt auch als Zwerg-Vorwerkhuhn.

Das Vorwerkhuhn erscheint in gelbem Gefieder mit schwarzem Hals und Schwanz. Die Eierschalen dieser Rasse sind von gelber Farbe.

Zierhuhnrassen

Diverse Zierhuhnrassen bestechen durch ihre Schönheit. Sie wurden nicht wie Lege-, Fleisch- und Zwiehuhnrassen auf die Erbringung von Fleisch und/oder Eiern gezüchtet. Das Zierhuhn gefällt durch seine Optik. Das Substantiv „Zier", welches Teil des Wortes „Zierhuhn" ist, bedeutet soviel wie Schmuck, Dekor und Ausstattung. Das Zierhuhn ist demnach in seiner Funktion vorrangig ein Schmuckhuhn, welches durch sein attraktives Aussehen das menschliche Auge erfreuen soll.

Annaberger Haubenstrupphuhn

Diese Rasse entstand 1957 in Annaberg im Erzgebirge. Mit beteiligt an der Entstehung von Annaberger Haubenstrupphühnern waren Seidenhühner, Chabos, Brabanter und Appenzeller Spitzhauben. Hähne werden 1,5 Kilogramm schwer und Hennen 1,3 Kilogramm. Sie legen an die 120 Eier zu 46 Gramm. Das leichte Huhn besitzt ein sehr markantes Äußeres. Das Gefieder ist gestruppt und zudem besitzt das Annaberger Haubenstrupphuhn eine Spitzhaube, welche die Rasse zum Blickfang macht. Aufgrund der auffälligen Befiederung ist das Annaberger Haubenstrupphuhn etwas nässeempfindlich und sollte vor Regen geschützte Bereiche vorfinden, dennoch liebt es Bewegung im Auslauf. Diese Hühnerrasse zeichnet sich durch ein freundliches, ruhiges Wesen aus. Mit etwas Geduld lassen sich die ansprechenden Annaberger Haubenstrupphühner gut zähmen. Ihre Brutwilligkeit ist nicht übermäßig ausgeprägt.

Das Annaberger Haubenstrupphuhn erscheint in schwarzem oder schwarz-geschecktem Gewand. Die Eierschalen der auffälligen Grazie sind weiß bis gelb gefärbt.

Holländer Haubenhuhn

Das Holländer Haubenhuhn ist eine alte Zierhuhnrasse aus den Niederlanden. Die holländische Noblesse ist von friedfertiger Natur und läuft gerne im Hühnerauslauf umher, jedoch sollte diese Rasse ausreichend vor Regen geschützt werden. Die Haube verträgt wenig Nässe und zuweilen schränkt die imposante Federpracht auf dem Kopf die Sicht der Hühner etwas ein. Der auffällige Kopfputz bedarf besonderer Aufmerksamkeit durch den Halter und sollte gelegentlich auf Parasiten untersucht werden. Schon auf mittelalterlichen Gemälden wurden Vorgänger des heutigen Holländer Haubenhuhns abgebildet. Die Hennen dieses eleganten Zierhuhns legen mit 140 Eiern erstaunlich viel Eier im Jahr, welche an die 45 Gramm wiegen. Ein Hahn wartet mit einem Lebendgewicht von zwei bis 2,5 Kilogramm auf; Hennen sind mit 1,5 bis zwei Kilogramm etwas leichter. Ein Bruttrieb ist kaum vorhanden. Es gibt zusätzlich zur Großhuhnrasse das Zwerg-Holländer-Haubenhuhn.

Holländer Haubenhühner kommen in den Farbschlägen Weißhaube weiß und Weißhaube gesperbert daher und legen Eier mit weißer Schale.

Seidenhuhn

Das Seidenhuhn hat asiatische Wurzeln und besitzt ein markantes Gefieder, welches Plüschcharakter hat. Die besondere Beschaffenheit der einzelnen Federn, die einen weichen Federschaft haben und keine zusammenhängende Federfläche bilden, sind für das flaumige Erscheinungsbild der Seidenhühner verantwortlich. Seidenhühner verfügen über eine blau-schwarze Haut und eine fünfte Zehe. Hähne dieser Rasse werden 1,4 bis 1,7 Kilogramm schwer. Hennen wiegen zwischen 1,1 und 1,4 Kilogramm. Es gibt zudem das Zwerg-Seidenhuhn.

Seidenhühner sind friedfertig und fliegen nicht im Geringsten, so dass sehr niedrige Zäune zum Einfrieden des Hühnerauslaufs ausreichen. Die Tiere baumen des Nachts nicht auf Hühnerstangen auf, sondern verbleiben in aller Regel auf dem Boden des Stalls. Nestboxen sollten ebenfalls nicht zu hoch für diese Rasse aufgestellt sein. Seidenhühner bringen sehr gute Glucken hervor. Eine Henne legt an die 80 Eier im Jahr mit einem durchschnittlichen Gewicht von 40 Gramm.

Seidenhühner gibt es als bunte Palette mit plüschigem Gefieder in Weiß, Schwarz, Blau, Rot und Gelb und weiteren Farbschlägen. Die Eierschalen der possierlichen Hühner sind von hellbrauner Farbe.

Langschwanzrassen

Langschwanzrassen sind Hühnerrassen, die durch ihr bemerkenswertes Gefieder auffallen. Die Sichelfedern der Hähne sind auffällig lang. Sämtliche Langschwanzhühner haben einen Zierwert und sind nicht in Hinblick auf Legeleistung oder Fleischansatz gezüchtet.

Onagadori

Im Jahre 1878 wurde das Onagadori nach Deutschland eingeführt. Die japanische Langschwanzrasse gilt seit 1952 als Naturdenkmal ihres Herkunftslandes und darf nicht mehr aus Japan ausgeführt werden.

Hähne dieser Rasse können bis zu vierzehn Meter lange Sichelfedern bekommen! Teile des Gefieders wachsen aufgrund einer Genmutation kontinuierlich. Diese Rasse gilt als robust und extrem langlebig. Onagadori sind von freundlichem Charakter. Die Hähne stellen aufgrund ihres immensen Längenwachstums des Schwanzgefieders beträchtliche Ansprüche an die Haltung. Ein Onagadori-Hahn sollte Gelegenheit haben, relativ hoch aufzubaumen, um so seine langen Sichelfedern zu schützen. Ein Hahn aus dem Land des Lächelns wiegt 1,8 Kilogramm und Hennen 1,35 Kilogramm. Onagadori-Hennen legen circa 25 Eier im Jahr mit einem Gewicht von 40 Gramm und sind fürsorgliche Glucken.

Onagadori gibt es in den vier Farben Orangehalsig, Silberhalsig, Goldhalsig und Weiß. Die ursprünglich fünfte existierende Farbe *Goldrot mit schwarzem Schwanz* ist ausgestorben. Die Eierschalen des majestätischen Huhns sind gelblich-weiß gefärbt.

Phönix

Das Phönix ist ein elegantes Langschwanzhuhn, welches wahrscheinlich aus Onagadori und Altenglischen Kämpfern hervorging. Ein Phönix-Hahn wiegt zwei bis 2,5 Kilogramm und die Henne 1,5 bis zwei Kilogramm. Hennen dieser Rasse legen ungefähr 45 Eier pro Jahr mit einem Gewicht von 48 Gramm. Es gibt überdies das Zwerg-Phönix. Die Hühnerrasse wurde in Deutschland gezüchtet und wenngleich das Onagadori-Huhn ein Vorfahre des Phönix ist, so wächst das Schwanzgefieder nicht kontinuierlich weiter. Zwar stechen die wunderschönen, langen Sichelfedern der Hähne hervor, doch mausern sie regelmäßig. Dennoch bedarf dieses Langschwanzhuhn der besonderen Pflege, da sich Schmutz, Eintreu, Geäst und Ähnliches leicht in dcm besonderen Gefieder verfangen kann oder die Sichelfedern beschädigen könnte. Das Phönix Huhn hat Altenglische Kämpfer in seiner Ahnenreihe, doch sind die hübschen Langschwanzhühner in aller Regel von einem ausgeglichenen Temperament und werden schnell zutraulich. Phönix-Glucken stehen in dem Ruf, sich hingebungsvoll um ihre Küken zu kümmern.

Phönix haben orangehalsiges, silberhalsiges, goldhalsiges, weißes oder wildfarbiges Gefieder. Die Eierschalen sind von gelblich-weißer Farbe.

Yokohama

Das Yokohama-Huhn gehört ebenfalls zu den Langschwanzrassen und ist japanischen Ursprungs. Entstanden ist die bezaubernde Rasse jedoch in Deutschland. Hähne wiegen zwei bis 2,5 Kilogramm und Hennen sind mit 1,3 bis 1,8 Kilogramm etwas leichter. Bis zu 80 Eier im Jahr sind von diesen Langschwanzhühnern zu erwarten, welche an die 40 Gramm wiegen. Das Yokohama gibt es auch als Zwerg-Yokohama. Wie sämtliche Langschwanzhühner bildet auch das Yokohama keine Ausnahme und so gebührt seinem Gefieder besonderes Augenmerk. Die Hühnerrasse ist recht robust und wetterfest, dennoch sollte der Auslauf ausreichend überdacht sein und das lange Gefieder vor zu starker Beanspruchung geschützt werden, um die auffälligen Sichelfedern der Hähne in ihrer Gänze zu bewahren. Die Glucken kümmern sich aufopferungsvoll um ihren Nachwuchs.

Die weißen und rot-weiß gezeichneten Yokohama legen Eier mit gelber bis gelblich-roter Schale.

Kampfhuhnrassen

Ursprünglich wurden Kampfhühner für Hahnenkämpfe gezüchtet. In den meisten europäischen Ländern und in Nordamerika ist der Hahnenkampf inzwischen gesetzlich verboten und gilt als Tierquälerei. Das Kämpfen der Hähne ist genetisch bedingt und entspringt einem natürlichen Revierverhalten.

Heutzutage werden Kampfhühner in unseren Breiten zu Ausstellungszwecken gezüchtet. Kampfhuhnrassen sind meist muskulöse Tiere mit aufrechtem Körper und eng anliegendem Gefieder. Diese als klug geltenden, furchtlosen Hühner werden Menschen gegenüber zahm. Sie sind von robuster Natur. Dennoch ist ihre Haltung anspruchsvoll, da die waschechten Kämpfer auch heutzutage schwer zu vergesellschaften sind. Hähne sind ohne Kontrahenten zu halten. Bewährt hat es sich, Kampfhuhn-Hennen von klein auf miteinander zu vergesellschaften und sie nicht mit anderen Rassen zusammenzuhalten.

Altenglischer Kämpfer

Die alte, aus England stammende Rasse des Altenglischen Kämpfers ist heute in vielen Teilen Europas vertreten. Die ursprünglich zu Hahnenkämpfen verwendete Rasse wird zu Ausstellungszwecken gezüchtet. Hähne wiegen zwischen zwei und drei Kilogramm und Hennen sind mit 1,75 bis 2,5 Kilogramm etwas leichter. An die 120 Eier zu 50 Gramm legt eine Altenglische Kämpfer-Henne circa pro Jahr. Diese Kampfhühner haben einen athletischen Körperbau mit langen Läufen. Längst vorbei sind die Zeiten der Hahnenkämpfe und der Altenglische Kämpfer gilt als der Sanftmütigste unter den Raubeinen. Zwar liegt dieser Rasse das Kämpfen noch im Blut und Hähne sollten nicht miteinander vergesellschaftet werden, doch verglichen mit anderen Kampfhuhnrassen gilt der Altenglische Kämpfer als nahezu verträglich mit seinen Artgenossen. Die neugierigen Hühner werden rasch zutraulich und Glucken führen ihre Küken zuverlässig, doch aufgrund ihrer stattlichen Läufe und des kurzen, eng anliegenden Gefieders sind sie nicht dafür prädestiniert, auf Gelegen zu sitzen und den Nachwuchs mit dem eigenen Gefieder zu wärmen.

Altenglische Kämpfer gibt es in einer Fülle an Farben. Das Gefieder kann unter anderem goldhalsig, silberhalsig oder auch gesperbert sein. Die Farbe der Eierschalen ist weiß bis gelblich.

Malaie

Zu den Kampfhühnern zählt das Malaien-Huhn, welches ein Urhuhn Indiens und des Malaischen Archipels ist. Malaien kamen zu Beginn des 19. Jahrhunderts nach Europa und wurden in viele modernere Rassen eingekreuzt. Es ist ein hochgestelltes, großes und athletisches Huhn vom Kämpfertyp. Sein Charakter ist dementsprechend furchtlos und verwegen. Hähne dieser Rasse wiegen zwischen 3,5 und 4,5 Kilogramm und Hennen sind mit 2,5 bis 3,5 Kilogramm rund ein

Kilogramm leichter. An die 80 Eier legt eine Malaien-Henne im Jahr mit einem Eigewicht von 50 Gramm. Das Kampfhuhn existiert auch als Zwerg-Malaie. Malaien sind robuste Hühner, welche nicht gut zu vergesellschaften sind. Von der Haltung mehrerer Hähne wird ebenso abgeraten wie von der Vergesellschaftung neuer Hennen in den Altbestand. Malaien werden meist aus Liebhaberei gehalten und es empfiehlt sich die Konstellation von einem Hahn und zwei Hennen. Menschen gegenüber wird diese selbstbewusste Rasse schnell zutraulich.

Malaien werden in unterschiedlichsten Farben gezüchtet. So gibt es diese ansehnlichen Kampfhühner mitunter in den Farben Weiß, Rot, Schwarz und Weizenfarbig. Die Eierschalen können von gelber bis bräunlicher Farbe sein.

Shamo

Das Shamo-Huhn ist ein weiterer, typischer Vertreter eines Kampfhuhns. Seinen Ursprung hat es wahrscheinlich im einstigen Siam, dem heutigen Thailand. Das Shamo ist eine beeindruckende Hühnerrasse, welche durch ihre fast aufrechte Haltung auffällt. Shamos sind muskulöse, mächtige Tiere. Der Rassestandard legt das Gewicht beider Geschlechter nach oben nicht fest und so müssen ausgewachsene Shamo-Hähne nach dem Bund Deutscher Rassegeflügelzüchter mindestens vier Kilogramm wiegen und die Hennen drei Kilogramm. 80 Eier mit einem

Gewicht von circa 55 Gramm legt eine Shamo-Henne pro Jahr. Shamos sind wahre Kämpfernaturen und scheuen im Zweifel keine Auseinandersetzung mit ihresgleichen. Von einer Haltung mehrerer Hähne wird abgeraten. Menschen gegenüber präsentiert sich die Rasse als friedlich und wird schnell zutraulich.

Shamos gibt es in den Farbschlägen schwarz-weiß-gescheckt und schwarz-rot. Die Eier haben eine bräunliche Farbe.

Stichwortverzeichnis

Literaturverzeichnis

Beranger, J. et al.: An Introduction to Heritage Breeds. North Adams 2014.

Bessei, W.: Bäuerliche Hühnerhaltung. Stuttgart 1999.

Juhre/Hoffmann: Das Rassegeflügel. Berlin 1960.

Kreuser, H.: Leitfaden der Hühnerhaltung. Reutlingen 2012.

Langhorst, H. et al.: New Hampshire und Zwerg-New Hampshire. Reutlingen 1992.

Möller, H. et al.: Rhodeländer und Zwerg-Rodeländer. Reutlingen 1994.

Nelson, M.: The Complete Guide To Poultry Breeds. Ocala 2011.

Sartell, J.: Epic Eggs. Minneapolis 2017.

Silk, W.: Bantams and Miniatur Fowl. London 1975.

Strawbridge, D. et al.: Das grosse Buch der Selbstversorgung. München 2011.

Bildnachweis

Rassegeflügelzucht Matthias Heyer:

Vorderseite Cover: Bielefelder Kennhuhn; „Henne und Hahn genießen die Sonne."

Rückseite Cover: Amrock; „Aufs Fass gekommen!"

Seite 10: Seidenhuhn; „Ein Korb voll frühlingshaftem Seidenhuhn."

Seite 32: Brahma; „Sanfte Riesen im Doppelpack."

Seite 128, Araucana; „It's showtime!"

Seite 130, obere Abbildung: Italiener; „Italiener im Duett."

Seite 130, untere Abbildung: Brahma; „Porträt eines stolzen Hahns."

Seite 131, obere Abbildung: Vorwerkhuhn; „Eine norddeutsche Schönheit."

Seite 131, untere Abbildung: Zwerg-Cochin; „Ménage-à-trois, eine Sommerliebe."

Nadine Blumensaat:

Seite 58: automatische Hühnerklappe

Seite 94, untere Abbildung: Sussex

Pixabay:

Seite 5, Seite 12, Seite 14, Seite 25, Seite 26, Seite 30, Seite 31, Seite 69, Seite 70, Seite 87, Seite 88; Seite 94, obere Abbildung; Seite 106, Seite 152, Seite 157

Nützliche Adressen

Europäischer Verband für Geflügel-, Tauben-, Vogel-, Kaninchen- und Caviavucht (EE)
Internetadresse: www.entente-ee.com/de/

Bund Deutscher Rassegeflügelzüchter (BDRG)
Internetadresse: www.bdrg.de

Rasseverband Österreichischer Kleintierzüchter (RÖK)
Internetadresse: www.kleintierzucht-roek.at

Rassegeflügel Schweiz
Internetadresse: www.kleintiere-schweiz.ch